U0482739

心态制胜

［美］戴夫·安德森（Dave Aderson）◎著
张琼◎译

中国友谊出版公司

图书在版编目（CIP）数据

心态制胜 /（美）戴夫·安德森著；张琼译 . -- 北京：中国友谊出版公司，2023.12
ISBN 978-7-5057-5749-3

Ⅰ . ①心… Ⅱ . ①戴… ②张… Ⅲ . ①成功心理－通俗读物 Ⅳ . ① B848.4-49

中国国家版本馆 CIP 数据核字 (2023) 第 226086 号

著作权合同登记号　图字：01-2023-4740

书名　心态制胜
作者　[美] 戴夫·安德森
译者　张　琼
出版　中国友谊出版公司
发行　中国友谊出版公司
经销　新华书店
印刷　河北鹏润印刷有限公司
规格　880 毫米 ×1230 毫米　32 开
　　　8 印张　177 千字
版次　2023 年 12 月第 1 版
印次　2023 年 12 月第 1 次印刷
书号　ISBN 978-7-5057-5749-3
定价　52.00 元
地址　北京市朝阳区西坝河南里 17 号楼
邮编　100028
电话　（010）64678009

“当我在书中看到‘好胜心’这三个字的时候，我就明白了戴夫不仅有很强的好胜心和心理韧性，而且也很擅长引导我们找到培养好胜心和心理韧性的方式。我强烈向所有想要提升自己的人推荐这本书。”

——梅耶斯•伦纳德（Meyers Leonard）

NBA 迈阿密热火队（NBA's Miami Heat）球员

“乍一看，我们很容易在周围的同事中找到戴夫书中的弗朗西斯（Frances）、弗兰克（Frank）和弗雷德（Fred）这三位主角的身影。当戴夫用他的经典方式带我们畅游本书时，我们会在每个角色身上发现自己的影子，是时候该学习了。”

——特洛伊•汤姆林森（Troy Tomlinson）

纳什维尔环球音乐出版集团（Universal Music Publishing Group, Nashville）首席执行官

“我已经亲眼看到了成果，这些成果来自坚韧的心态；同时，我们不再找使我们身处困境的借口，这正是戴夫•安德森告诫过我们并经过实践检验的。戴夫在本书中阐述人们应具备的品质和心态，使他们能够积极面对生活和工作中的挑战、恐惧及疑虑。”

——汤姆•克林（Tom Crean）

佐治亚大学斗牛犬队（Georgia Bulldogs）主教练

“《心态制胜》是一本优秀的行动指南，人们可以按图索骥，找出自己可能与他人存在的差距，从而取得更大的成功。任何事情想成功都需要制订计划。戴夫·安德森在本书中向读者分享了如何将这个计划整合起来，使其成为生活的一部分。整合后的计划提供了一种方案，用于读者对那些帮助他们获取成功或导致失败的行为进行自我评估，从而促使自己不断改进。戴夫还展示了如何通过改变人的心态而使其具有更强的心理韧性和好胜心，以应对对其不利的事件。”

——布拉德·巴特利特（Brad Bartlett）

多尔食品包装公司（Dole Packaged Foods）总裁

“在培养终身领导者的品质方面，戴夫的能力非常出色。有一些领导对于生活的各个方面容易产生即时满足的心理，对此，戴夫提出了一种实际可行的改变方法。这本书不仅能为未来的领导者提供理论知识，也能帮助今天处于领导地位的人增强心理韧性和好胜心。”

——贾森·洛斯卡佐（Jason Loscalzo）

芝加哥熊队（Chicago Bears）头部力量和体能教练

“我们都有争强好胜的心态，它存在于我们每个人的内心，这本书可以帮助我们培养这种能力，赋予它力量，并提升它。在当今世界，具备这种能力的人将拥有保持领先所需的竞争优势。我在10多年前就开始阅读戴夫·安德森的书，这些书使我懂得我的事业是我的责任，不要为能力不足找借口，更不要因能力尚可而骄傲自满。

在短短的7年时间里，家庭至上人寿保险公司（Family First Life Insurance Company）的营业额从700万美元增加到了今年的4亿美元，一个很大的原因是我从安德森先生的书中吸取的经验教训，以及他每年为我们公司的员工提供的培训。‘世界正在改变，不要落在后面。’这本书中有详细方法指导我们如何培养好胜精神。谢谢你，戴夫！对于希望赢得成功人生的人来说，这是一本必读书目。”

——肖恩·米克（Shawn Meaike）

家庭至上人寿保险公司总裁

目录

序

在我知道戴夫·安德森是谁，并且已经有了他的联系方式近一整年后，我才和他有了往来。一开始，我犹豫着要不要给他打电话，因为我知道一旦给他打电话，他就会和我的球队接触，而我一直对谁和球队接触持谨慎态度。曾任印第安纳大学（Indiana University）篮球队主教练的汤姆·克林大力推荐戴夫，他的助理教练也对戴夫赞不绝口。我咨询了其他人，本以为他们会给我泼冷水，但当听到他们对戴夫的赞美时，我感觉十分惊喜。我还询问过大学篮球队中认识戴夫的人，他们都给了我同样的回答——“放心让他去做”。最后，在2017年8月，我拿起手机拨打了在兜里揣了几个月的电话号码。

有趣的是，当我们在电话中交谈时，我发现自己完全同意他所说的关于激励、成长、克服逆境等方面的内容。当时我刚拿到他写的书——《势不可挡》（*Unstoppable*），虽然我还没全部看完，但我假装自己读完了。大约10分钟后，我挂断了电话，决定深入了解他的观点和战术，我知道他传达的信息一定会在球队中引起共鸣。

2019年1月18日，星期五，在戴夫·安德森首次与我的球队接触的几个小时前，我与他接通了电话。我的球队没有发挥出它所具备的潜力，在过去的5场比赛中输了4场。球员们自怨自艾，也彼此抱怨。很多人对我表示同情。我们不够坚强，心智也不成熟。

我们一直处于迷茫状态，仿佛无法渡过这道难关。但是第二天，我们在麦迪逊（Madison）球场打出了17胜0负的战绩，排名第二的密歇根州立大学篮球队只能愤愤地盯着我们看。

在结束了一天的训练后，戴夫来了。他站在房间的中心位置，出现在我们的球员和工作人员面前。接下来的两小时里，他表现得十分出色。他向我们讲述了自己的人生故事，并把所有的故事串联起来，告诉我们他是如何到达现在这个位置的。不用说，戴夫得到了房间里每个人的殷切关注。他过去的经历和他克服一切困难的精神都非常鼓舞人心。他为这个球队下的第一条“命令”就是培养“红腰带思维模式（Red Belt Mindset）”，这是我们未来应该具备的精神状态。他的命令和发人深省的故事有助于消除球队成员的一些不安全感。我们需要强劲的执行力和彻底的心理“唤醒”，而戴夫给了我们极大的惊喜。没有他，我们不可能做到更好。

当然，我并没有把第二天以64比54击败密歇根州立大学篮球队的功劳全部算在戴夫头上，因为我们球队的优秀球员在关键时刻表现得十分出色。毫无疑问，虽然我会说“训练得不错”，我们有着如火的热情和顽强的精神，但这在戴夫到来之前并没有明显地表现出来。我知道，我、我的球队和戴夫已经在心理上产生了共鸣，一切都在以良好、积极、极具挑战性的方式进行着，我们将获得接下来的五连胜。一路的艰辛让我们总是回想起戴夫所问的“为什么”，以及他提出的红腰带思维模式，我们的努力没有白费，球队重新回到十大联赛（BIG Ten Conference Championship）的赛场上，并在那年春天重返了全国大学体育协会锦标赛（NCAA）。

自2019年1月那个寒冷的夜晚以来，戴夫在各种场合与我们的球队互动。他传递出来的那些激励人心的信息，总能让妄自菲薄的人无处遁形并疯狂改变自己的行为。当戴夫让我为《心态制胜》这本书写序言时，我感到无比荣幸。我知道大家曾听过一些我们的球队在2019—2020年的许多比赛中与逆境斗争的故事。毫无疑问，戴夫帮助我们度过了那段艰难时期。虽然有时候我们还会生气、郁闷，或者时不时感觉“我真倒霉”（这是人类的天性），但现在这种情况已经很少出现了。如果发现球队偏离了轨道，我们往往能自我纠正。

一年前我们在心中种下了坚韧不拔和百折不挠的种子，这为参加2020年十大篮球锦标赛铺平了道路。我相信你一定会喜欢这本书，我希望它能帮助你跨越生活、工作和家庭中的障碍，就像戴夫·安德森帮助我的威斯康星州立大学獾队一样！

格雷格·加尔德（Greg Gard）

威斯康星州立大学獾队总教练

前　言

恭喜你，你购买了这本书证明你已经有了想要提升自己和改善生活的强大动力——好胜心。而你读完这本书时，会发现自己有足够坚韧的心理来承受生活中的诸多磨难，并完成对你来说重要的事情。

当我们在生活中或工作上没有达到自己的预期目标时，我们会产生不满情绪。这种情绪会使精神保持紧张状态，但它亦能鼓舞人心，促使我们朝着更好的方向前进。在这种状态中，尽管我们对自己所拥有的一切和已经取得的成就心存感激，但在职业发展、身体状况、家庭生活等方面，我们依然希望可以变得更好。虽然我们都清楚这种不满情绪能让我们变得更好，但还是经常会被不满情绪所左右，以至于表现出自怨自艾、止步不前的思维倾向，这种思维年复一年地阻碍我们前进。如果你时不时地陷入这种状态，或者现在正受困于这种状态，那么可以有意识地改变自己的想法，然后继续前进。

从偶然为之走向有意为之

“有意识的”（intentional）是本书中经常出现的一个词，这个词直译为“故意的、蓄意的”。在下述情况下，“有意识的行为”会对你有所帮助，比如你想塑造理想身材时，会有意识地去做对塑形有益的事，并停止做那些阻碍自己实现目标的事情。显然，塑造理想身材并不像吃一份沙拉、拒绝一份甜点、做五个俯卧撑、睡个好觉，然后宣布自己有“良好的饮食和生活习惯”那么简单，也不可能指望仅仅进行一次体育锻炼后，第二天醒来发现自己长出了六块腹肌，或者可以马上赢得马拉松比赛。

我们的心态，即“人们所持的既定态度”，也以类似的方式运作。虽然大部分人心里明白应该靠勤奋的、有意的、循序渐进的锻炼来塑造完美身材，但还有一部分人企图通过收藏塑形食谱、浏览健身视频或在墙上挂完美身材的海报来改变自己的体形，这种期望速成的心态把塑造形体等同于微波炉加热食物一般快速。其他事情也是如此，需要时间、意志、坚持等，因此我们要建立一种有意识的心态，使我们在想提升的领域中的表现优于以前。这就是本书的精髓和意图：帮助我们培养好胜心和心理韧性，让有意识为之代替偶然为之，以实现目标。

主动出击

好胜心：一种志在必得、誓不放弃、顽强拼搏以达到目标的动力。

心理韧性：支撑人们朝着目标努力的自信和坚持。

将好胜心、心理韧性视为对加速成功和消除自满的“主动出击”，好胜心是“让你开始”的动力，心理韧性是“推动你坚持到底”的动力。刚开始接触这些帮助你摆脱阻碍前进的旧习惯或思维倾向的见解时，你可能不太理解，如果将这些见解与好胜心和心理韧性结合起来，构成一段以第一人称述说的文字，会更好理解，如：

我会有意识地建立一种无畏的心态，并奔向对我而言最重要的人生目标。依凭这种心态我将顽强地穿越障碍，直到目标实现。我的首要目标是每天和以前的自己竞争——成为一个更优秀的人，在生活中所有的重要方面取得更多成就，如人际关系、健康、经济、家庭、职场等。当我有目的地培养成功者所必备的品质时，我会建立强大的自信，心理也会更加坚韧，这些支撑着我为了那些对我和我爱的人而言最重要的事情去奋斗。

只要努力就有收获

《心态制胜》附录是由 ACCREDITED 理念延伸出来的“个人成长日记”，来帮助你建立一种有意识的心态。ACCREDITED 理念包含 10 个成功者必备的关键要素，可以增强你的好胜心和心理韧性，这些也是建立有意识的心态必不可少的要素。ACCREDITED 理念中的每个字母都代表一个要素：A 代表态度（attitude），两个 C 分别指竞争力（competitiveness）和品德（character），R 是严谨（rigor），E 是努力（effort），D 是自律（discipline），I 是智慧（intelligence），T 是坚韧（tenacity），另一个 E 指精力（energy），最后的 D 则是驱动力（drive）。

阅读本书，你将更好地理解这 10 个要素是如何相互关联、相互支持的。

行动的力量

开创 ACCREDITED 理念的灵感来自本杰明•富兰克林（Benjamin Franklin），他是 18 世纪美国的商人、政治家、哲学家、作家、发明家和开国元勋。富兰克林家里有 17 个兄弟姐妹。他 10 岁辍学，在父亲的蜡烛工坊工作。虽然受教育程度有限，但他很早就知道自我提升的重要性。大约在 1728 年，20 岁出头的富兰克林想培养自己具备 13 项优秀品质，所以他制定了一份优秀品质清单，每周培养一项，同时每天还要进行评价和调整。然后，在一年中重复这一过程四次。虽然 ACCREDITED 理念中的一些要素与富兰克林的相同或相似，但已经经过了合并和修改，以符合本书提升好胜心和建立心理韧性这一明确的目标。

富兰克林在进行有意识的自我提升的过程中，在出版业赚得盆满钵满，他也成为美国第一位白手起家的百万富翁。他最著名的作品《穷理查年鉴》（*Poor Richard's Almanack*）和《富兰克林自传》（*The Auto-biography of Benjamin Franklin*）畅销至今。除了签署过《独立宣言》（*the Declaration of Independence*）外，富兰克林还是首任美国邮政局局长、第一位美国驻瑞典和法国大使以及宾夕法尼亚州州长。他还发明了双焦距眼镜、避雷针、富兰克林炉、玻璃琴和柔性的尿道导管。富兰克林可以说是美国文艺复兴第一人，同时也是美国 18 世纪的摇滚明星。对他而言，那段持续且有意识的进步过程，其背后的驱动力是心态，这是许多人有目共睹的。他的进步超越了年代，也跨越了地域和文化。

10 个要素塑造赢家心态

前三章介绍了我之前说过的好胜心和心理韧性，这两方面内容为本书奠定了基础。这是因为对于任何一个人来说，想要实现有价值的目标，都需要很强的好胜心和心理韧性，以及激励他们到达新高度的动机。这些有价值的目标可能包括：取得好成绩、寻找合适的伴侣或断绝有害的关系、减肥、学习另一种语言、开始着手自己的计划、养育孩子、努力组建一支运动队、获得奖学金、开展新业务、争夺客户、晋升、转换职业、试图通过行动改变世界……

第四章名为“镜子法则：升级决策力，突破人生迷局”，其中强调了个人决策对更高水平的好胜心和心理韧性的外在条件的影响。当条件不利时，对条件的依赖会让人损失惨重。本章将重点介绍如何做出更高明的日常决策。正如乔治•巴顿（George Patton）将军的名言：“需要做决定的时候要当机立断，不要等待，做任何事都不存在绝佳时机。”除此之外，我还要补充一句：“正确的决定可以创造更好的条件，你能控制你的决定，但不能控制条件。”

随后的 10 章将专门介绍成功者必备的 10 个要素，每一章都将带你深入了解这个要素的详细内容。例如，我将介绍改善态度的 7 个关键方面：

- 对消极的事情或人做出积极的反应。
- 掌握不易被冒犯的艺术。
- 掌握表达积极言论的有效方法。
- 将关注点放在可控范围之内。
- 学会在压力下保持优雅。
- 拒绝推卸责任和为自己辩解。
- 激励他人，提升自己。

ACCREDITED 理念中的 10 个关键要素

A——**态度**：打造更强大的能力，让自己变得更强。

C——**竞争力**：从平凡到优秀。

C——**品德**：培养坚如磐石的道德准则。

R——**严谨**：制订严谨的日常计划。

E——**努力**：越努力越睿智，越睿智越努力。

D——**自律**：该拒绝时拒绝，成为无废话大师。

I——**智慧**：增智以减愚。

T——**坚韧**：磨炼坚不可摧的意志。

E——**精力**：为梦想加油，奋斗到底。

D——**驱动力**：成为有驱动力的人。

当你仔细阅读这些需要努力培养的成功者必备要素时，你可能已经推测出这不仅是一本“业务手册”，还是一本“生活指南”，它将帮助你在多个方面成长：家庭、人际、经济、工作、精神、健康等。

正如你所看到的，各种各样的“作者之见”贯穿全章。这些观点可以帮助你形成或提升本书强调的心态。以下是几个示例：

作者之见：“不是努力了就一定能成功”，无论你认不认可这句话，它都是真理。

作者之见：逆境可以孕育出高产的种子，但大多数人从不浇水。

2019—2020 年威斯康星州立大学獾队长时间处于逆境中，《心态制胜》章节末尾以“獾男篮逆境事件”为标题，将他们在 2019—2020 赛季的真实历程作为行动号角，带给大家培养有意识的心态的动力。

每一章结尾都有一个“有意识的行动”，它将帮助大家总结反思刚刚阅读的内容，并能有目的地把阅读内容应用于任务。如果完成了这些任务，你不仅会对本书的主要内容有更深刻的理解，而且能够建立自律性，同时帮大家理解 ACCREDITED 理念，从中获得最大益处。

转败为胜

同样，作为对第一章至第十四章结论的单独总结，我将提出一些挑战（共 14 个），那是威斯康星州立大学獾队在 2019—2020 赛季的共同经历。作为一个团队，他们必须逐个击破这些挑战。你的任务是评估自己将如何应对这些挫折、失望、损失或逆境。我将在第十五章中得出每一次“獾男篮逆境事件”的结论，讲述团队自身如何处理这些针对其好胜心和心理韧性的攻击，以及他们吸取的教训和结果。

残酷的事实

如果你准备阅读本书，我想说，无论你现在拥有几个成功者应当具备的要素，别担心，这绝非一成不变，因为它们都可以得到建立或培养。在阅读这本书的过程中，如果你有意识地运用所学的知识对自己已具备或正在形成的观念做出必要的调整，你就会取得成功。实现目标需要制订计划，有周密的安排，你就能充分发挥自己的潜力，而不是毫无准备硬着头皮上场，如无头苍蝇一般试图杀出一条血路来实现目标，也不是东一脚西一脚，每天过得浑浑噩噩。所以，请按照计划进行，因为周密的计划就像护栏，引导你沿着正确的路径前进，防止你误入歧途。

如果你曾经观看过我的现场演讲、读过我以前写的书，或者听过我的播客“游戏改变人生”（*The Game Changer Life*），你也许对我的沟通方式有所了解：我直击要害，鄙视阿谀奉承和言不由衷。在阅读本书前，你可以期待我会直截了当、诚心诚意地对待你，别因为害怕我分享的残酷事实而感到不舒服。实际上，这本书中让人最不舒服的内容可能最让人受益。

但我想让大家知道，我写这本书的方式之所以完全不同于以前写的 14 本书，并不是为了赚更多的钱或出名，也不是我觉得现在该写一本新书了，而是因为我在全世界范围内传授并应用成功之法超过 20 年，我清楚地看到了那些不断成长的人与那些停滞不前甚至倒退的人之间的显著差异。这些人不管是在各方面的投入还是对自我控制能力的认识和坚持，都不相同，而这种自我控制的能力在生活中至关重要。这些差异导致他们的好胜心和心理韧性的水平大不相同。

第一章
赢家法则

打好心理根基，培养赢家心态

认识一下弗雷德、弗兰克和弗朗西斯：他们是同一家知名零售企业的员工，性格特点各有不同；他们被分在了同一个销售团队，在同一间办公室工作，有着相同的领导、同事；他们的日程安排大同小异，经济状况也难分上下；他们拥有着同样的机会，销售相同的产品……然而，他们的工作成果却大相径庭。虽然这些差异有很多表面上的原因，但好胜心和心理韧性程度不同才在最大程度上决定了他们业绩的差异。我们将在第二章再次讨论这三个人，了解为什么弗兰克的好胜心高于弗雷德，以及为什么弗朗西斯的好胜心超过了弗兰克并帮助她成了公司长期的销售冠军。而正在读这本书的你可以从这三个人的表现中吸取经验和教训，并应用于自己的工作和生活中。

找准失败原因，才能弯道超车

我们通常将自己的失败归咎于以下原因："没遇上好机会""运气不好""计划不够周密""基因太差""教育糟糕""目标设定有误""工作不合适""老板不行""时机不对""团队不好""父亲善变""母亲刻薄"等等，但其实导致你成就寥寥的核心原因是缺乏好胜心及心理韧性不足。"无意识的自满"是阻碍你进步和成长的敌人，它会让你的生活停滞不前，让你在人际关系、经济、职场等方面的追求看起来遥不可及。然后，你会有更多自满的情绪出现。针对此现象，你必须自己意识到它对你造成了威胁。

由于人最大的弱点是“无意识的自满”，所以加速进步和成长的第一步就是克服自满，开发更多方法增强好胜心和心理韧性。虽然我们通常会把成功或失败归因于基因、父母、性格、教育、性别、年龄、机会或运气，但纵观历史上大量有关失败或成功的故事，可以看出这些故事的主人公有着与你相似的受教育程度、差不多类型的父母，甚至你们的基因和悲苦的命运也大致相同。这些因素可能会帮助你或者阻碍你前进，但决定你能否进步和成长的最核心因素在于你的内心，包括你选择如何思考，做出什么样的决定，以及是否采取与之一致的行动。正如本杰明•富兰克林所说：“所有人的幸福和美好都在于正确的行动，而没有正确的想法就不可能产生正确的行动。”

好胜心指拥有一种志在必得、顽强拼搏以达到目标的动力。相比之下，心理韧性是支撑着人们朝着目标努力的自信和坚持。好胜心和心理韧性互相助力，缺一不可，无可替代。正如我在前言中提到的，好胜心让你行动起来，让你进入朝着目标前进的行动模式。心理韧性则会帮助你达成目标，就算在整个行动中遭遇了挫折、损失或失败，产生了失望的情绪，但心理韧性仍能助你坚持到底，直至实现目标。许多人要么有很强的好胜心，要么有很强的心理韧性，但很少有人能两者兼具。他们可能凭借其中一方在某些方面取得了一定程度的成功，但无法完全取得二者兼具所带来的更显著的成功。

作者之见：外部激励可能会让你的行动更加迅速，但当你有了强大的求胜本能，就意味着你不再需要有人给你加油打气，因为你早就开始行动并能坚持下去。

人们除了在招聘会上或参加培训时会讨论好胜心和心理韧性，其他场合基本不会提及二者，因此作为独特角色的二者经常被混淆。事实上，好胜心和心理韧性二者互补，不可替代。好胜心很强但心理韧性差的人通常会在工作开始时充满活力和热情，可随着时间的推移，当过程变得艰难或单调时，他们就会转而去做其他事情，最后以失败而告终。那些具有强大心理韧性但好胜心较弱的人则需要极大的激励、被恳求、被要挟或给予好处才能开始行动。一旦他们行动起来并朝着目标努力，他们就会像饿狼啃猪排一样一直啃下去，直到吃完每一块肉。其实好胜心和心理韧性是与生俱来的，试回想，自出生之日起我们便会在饥饿的时候哭泣，直到吃饱了才停止。但我仍希望你能从书中得到鼓励，通过目标和过程的结合，大幅提升“初级”的好胜心和心理韧性水平，而这除了你自己，没有人能帮你做到。

作者之见：你想干什么由自己来决定。从决定那刻起，无论是进步、倒退还是停滞不前，都取决于自己，别去想其他任何理由。

突破自满的陷阱，唤起无限潜力

自满是长期埋伏在进步和成长道路上的地雷，是培养好胜心和心理韧性过程中最大的障碍。许多人错误地认为自满意味着“懒惰”，但这并不是它真正的含义。自满的真正定义是：满足于自己已有的成绩。事实上，你经常孜孜不倦地忙于手头的工作，但这种忙碌的过程让你十分得心应手，以至于永远不想改变、提升或创新。关于自满与否，与其计算每周在训练场、办公室或家庭生活中投入了多少时间，不如思考一下你在投入的这段时间做了什么。

简单地说，自满就是满足于现状，因此自满的人不太可能主动跳出自己的舒适区或做出改变。有这样一种人，他们的经济状况不佳或工作前景不明，但他们并不急于改变现状，因为他们已经适应了这种状态。诚然，刚开始的时候，他们可能会觉得心有不甘，但时间长了就觉得这种生活也还过得去，逐渐放弃抵抗。而有些人工作较好，生活比较舒适，他们也不愿意冒险改变，因为这会破坏他们的满足感。同样，还有一些人目前获得的成功比他们预想的要大，但还不足以让他们的潜力被全部激发出来，达成本来能够实现的目标。他们被阶段性的胜利耗尽了动力，不再继续冒险，就好比他们爬到半山腰，在那里建了一座度假屋，不再向山顶继续爬。

当生活或工作在可控的范围内，表面上看起来风平浪静，其实自满所产生的舒适区正肆无忌惮地扩大。这样的结果就是我们满足于现状，拒绝再成长，但以我们现有的能力还无法应对更大的危机或竞争。而对于那些渴望成功、急于求成的人来说，自满能减轻他们的紧迫感，放弃最初使他们小有成就的原则和习惯，为自鸣得意的满足打开大门，导致自满潜入生活，阻碍他们的进步和成长。这种自满使舒适感变成了一种诱惑，诱使人们进入一种白日做梦的状态，既想安稳度日又不想停滞不前。他们似乎忘了参加比赛是为了赢，为了赢得漂亮、赢得彻底。

随着时间的推移，自满这个“无形杀手”缓慢并持续地使人的思维和行动变得迟缓、麻木，做出一个个糟糕的决定，并且一次次放弃原则。大多数人长期停滞不前，正是因为被自满所诱惑，但他们从未发现这一威胁，即使最终被它吞噬也意识不到，这就是为什么我称之为“无意识”的自满。有些人认识不到问题，就不能面对问题，何谈解决？这种人会在不知不觉间变得自满，这也解释了为什么“表现不错”的员工永远不会成为“最佳员工”。可能许多小有成就的人错误地认为，自满是其他人的问题，自己没有这样，但实际并非如此。自满不会因年龄、性别、收入、工作、社会地位、受教育水平不同而有选择性地出现。这是可以理解的，因为很多人都倾向于遵循自然规律、保持自然状态或寻求舒适的自然秩序，而不愿意为了成长去尝试令人不适的非自然行为。毕竟那种不适感会打破人们所习惯的现状，而对于现状，人们则是心里有数的，它不会让人因前路未知而焦虑。

作者之见：*认为自满对你来说不是问题或者构不成威胁，这就是自满而不自知的明显表现。*

之所以几乎所有人都曾在不同方面获得过满足感，如健康、工作、经济、人际关系和精神世界等，因为人是有弱点且容易被影响的。应对方法中最重要的一点是，要明白自满就像癌症：早发现早治疗。然而，在生活中，自满的人通常表现良好，看不到能让他们走出舒适区的危机，这恰恰掩盖了他们的自满情绪，直到他们的生活或工作陷入停滞不前的状态。如果你自满而不自知，久而久之，舒适区就会变成一口棺材，埋葬你的梦想、你的潜力和你本可以拥有的更好的生活。尽管我为自满而不自知的人感到悲哀，但在世人眼中他们往往是成功的。如果他们继续磨炼自己的好胜心和心理韧性，就不会错过本可以获得的成长和进步。人们总会在自己不如意时对生命中“本可以”或“本应该”得到的东西发出哀叹，但残酷的事实是，除了他们自己，没有人会限制他们发挥最大的潜力。那些“事后诸葛亮”没有意识到当时的他们需要走出自己的舒适区，踏上新征程，才能实现目标并获得成功。这种情况十分普遍，自满的人缺乏意识、目标或行动（可能三者都缺乏），而这三者恰好能让他们有意识地产生必须要走出舒适区的心态，并在这个过程中成就最好的自己。

拒绝“躺平”诱惑，创造高质生活

如果你坦诚地反思，发现自己在工作、健康、经济、人际关系或其他方面一帆风顺，那么能决定你继续“躺平”还是振作起来的只有好胜心是强是弱。是按计划不停地给自己充电，还是休息太久没有动力继续前进？你是否无意中接受了这样的心理暗示——“我已经开始做了”“我比以前做得更好了”“我一定在做正确的事”，事实上，这种心理暗示往往是你不再提升或改变自己的借口，而且这些心理暗示无意中将你的坚持打破，让你从严谨和自控转变为放松和即时满足。如果你也曾用这样的话来安慰自己，我保证你还可以做得更好。如果你在接下来的几周里读完这本书并采取行动，你会有更大的进步。

你或许过着这样一种生活：想不起来多久没有奋斗过，几乎没有享受过富足的生活，已经习惯了眼前平庸的日子，或者感觉自己陷入了困境，以至于在痛苦中不知不觉变得自满。如果是这样的话，你有希望得到更多提升和进步，并且在将来的某一天，你会发现自己比想象的要厉害得多。

即使你之前从未出现过上述任何一种自满现象，但随着时间的推移，你可能会逐渐适应更容易、更便宜、更受欢迎、更方便或更舒适的事物，并停止探索更有意识、更有效率、更复杂的方法系统地提升自己，这样做的后果就是你不会有不适感，当然也不能获得进步和成长。无论你此刻处于人生旅途中的哪一阶段，已经培养出的一定程度的好胜心和心理韧性帮助你克服了前面遇到的困难并让你实现了目标，你可以在此基础上再接再厉。事实上，你正在阅读这本书，表明你不满足于现状并愿意用可能让你感到不舒适的方式来提升自己。

作者之见：虽然人生不能重来，但从今天开始，你可以努力创造不一样的结局。

做出积极改变，扭转惨淡局面

你是否正处于这种状态：在经济、工作、身体、精神和人际关系上安于现状，一次又一次地妥协，放弃追求更高标准；偏爱更有把握的事物以获得即时的满足，对未知的事物视而不见。我们经常说感觉自己被困住了，但其实并没有罩子“困住”我们，是我们因一个又一个错误的决定或一回又一回优柔寡断为自己挖了陷阱，导致我们与已知的浅陋共存，而忽视了令人害怕的不适感。一开始，我们可能觉得自己有一天会过上更好的生活，但“有一天”会真正陷入浑浑噩噩的状态，最终消失不见。实话实说，安于现状只是一种更狡猾的退场方式。

三大假设

- 如果我们开始对过去曾困扰我们的事情妥协，那么这是一个警钟，提醒我们必须有所改变。
- 如果我们花在回忆上的时间比实现梦想还多，那么一定要有所改变。
- 如果我们爬上一座山后就在那里搭一顶安度晚年的帐篷，而不再攀登新的山峰，那么一定要有所改变。

考虑以下三点，这将决定你能否将生命之球放在人生球场上的正确位置：

- 除非你的内心发生了变化，否则一切都不会改变。找一个更明确、更有说服力的“为什么”并扪心自问，这会激励你创造一种更有意识的心态、更强的心理韧性和好胜心。
- 在你做出决定之前，没有什么能改变你。每天制订计划，选择如何使用大把的时间、与谁在一起，以此作为开始去度过每一天。
- 不要再等待事情会为你改变，而是要改变你的内心，进而改变周围的一切。当事情还未发生时，你要未雨绸缪，防患于未然，成为先发制人的拳击手，而不是自鸣得意的“沙袋”。你要开始反击无情的、无处不在的、无声的“杀手”——无意识的自满情绪，不反击就只能与它相伴而行。

“制胜”行动指南

有意识地在日记或 Word 文档中写下你认为自己目前感到自满或过去曾陷入自满情绪的事情，包括让你得意扬扬的方面：

- 饮食习惯。
- 整体健康维护（牙科和体检）。
- 体育锻炼。
- 与配偶、孩子、家人或朋友建立更牢固的关系。
- 汽车、房屋或其他资产。
- 经济状况。
- 退休计划。
- 劳动或工作纪律。
- 精神风貌。
- 个人成长行为准则。

接下来，在第二章“行动破局”中，你将会把所选的内容转化成要改进的目标。

如前言所述，每一章的结尾都将讲述威斯康星州立大学獾队在 2019—2020 赛季遭遇的挫折。在第十五章“拥有制胜心态，人生所向披靡”部分会进行总结，讲述球队如何处理这些事件、吸取的教训，以及赛季的结果之间的关系。

獾男篮逆境事件之一

2019 年 5 月 25 日：摩尔教练及其家人遭遇惨烈车祸

2019 年 5 月 25 日凌晨 2 点 4 分，休赛期间，备受爱戴的獾队助理教练霍华德•摩尔（Howard Moore）及其家人驾驶的车辆在密歇根州高速公路上被醉酒司机超速驾驶的汽车撞击。摩尔的妻子珍妮弗（Jennifer）和 9 岁的女儿杰蒂（Jaidyn）当场身亡，儿子杰雷尔（Jerrell）受伤。摩尔教练本人身受重伤，其中包括头部二级烧伤和面部三级烧伤，在车祸发生后陷入昏迷状态。

我的“制胜”笔记

当你或你所爱的人处于逆境时：

- 你如何保持积极的态度，而不被担忧、焦虑等消极情绪压垮？
- 如何增强好胜心和心理韧性，帮助你走出逆境？
- 你如何接受已经发生的可怕事情，将其纳入你的问题清单（“为什么”）中，并为之奋斗？
- 你会做些什么让逆境激发出你最大的潜力，而不是让你产生压力？

第二章
行动破局

列出“为什么”清单，激发强大的行动力

毋庸置疑，当涉及实现更大的目标时，明确而强烈的自我激励可以激发人的好胜心并增强心理韧性。在本章中，我们将深入探讨为什么自我激励是一项内部工作，如何进行自我激励，从而减少对外部力量或他人激励的依赖。首先，请认真思考下面对好胜心定义的阐述，因为它为本章内容奠定了基础。

好胜心指在为实现目标而进行的努力中一种志在必得、誓不放弃的动力。记住这一点，你所拥有的好胜心的强弱程度与“为什么”的明确性和强烈性密切相关。

上述言论引出了三个显而易见的问题：

1. 什么是以“为什么”开头的问题？
2. 我如何使“为什么”明确又强烈？
3. 我如何使“为什么”在一生中明确又强烈？

在《势不可挡》一书中，我详细解释了这些问题，在此就不再赘述这些细节了，而是将重点放在阐述有关“为什么”的关键问题上，以帮助大家理解这一重要概念：

- 你的“为什么”必须确切回答两个问题：“为什么你每天都要起床？”“为什么其他人要关心你每天是否起床？”换言之，你想做什么？谁希望你能做到？对这些问题回答得越具体，你的“为什么”就越有说服力，你的动力也就越强。

- “为什么”是关于你自己的，没有正确或错误之分。
- “为什么”将会随着你的生活而改变。
- 对于“为什么”要做这些事，你要说出最充分、最令人信服的理由。有充分理由的人不太可能退缩、放弃、失去注意力和热情，也不太可能长期消极处世，因为他们无法承受那样做的后果。他们的理由是如此坚定充分、掷地有声，以至于他们毫无退路可言。
- 你的“为什么”不仅是目标，还是目标背后所有原因的汇总。

例如，当你的目标是年收入达到 100 万美元，你要用这 100 万美元做什么？你打算住在哪里？开什么车？资助谁？准备把孩子送到哪里上学？偿还哪些债务？获得了哪些新的自由和选择？等等。

你一开始把 100 万美元的年收入作为目标，但这个目标不够具体，不足以让你做出这么大的牺牲、独自承受挫折或失望。这就是为什么你要设立一个能完全激发好胜心、增强心理韧性、让你奋斗起来势不可挡的目标。

作者之见：运动有益于身心健康，正如本书的中心思想能改善你的生活。

为了证明工作内容相同的人所思考的不同的“为什么”会对工作表现产生不同的影响，请花更多时间了解第一章介绍的弗雷德、弗兰克和弗朗西斯，并探讨他们目前所取得的成就的差异，他们将在本书的很多章节出现。请记住，他们 3 人是同一个 10 人销售团队的成员，他们接受过相同的培训、销售一样的产品、一样轮班工作，还有一个共同的经理亚历克斯。弗雷德在公司干了两年；弗兰克是高级员工，最近公司为他举办了工作满 10 周年的庆典；弗朗西斯是三人中资历最浅的员工，仅有一年半的工作经历。

毫无疑问，三个人中你可能会偏爱其中一个，但每个人都有很多值得你学习的地方。你可能会在每个人或某一个人身上看到与自身相一致的特点，从他们的表现中重新认识自己，并将他们在思维和行动中表现出的极端倾向引以为戒。

弗雷德

弗雷德上高中的时候热爱踢足球，他参加过很多次足球比赛，还因在赛场上的出色表现多次获得联赛奖金。不幸的是，弗雷德在一次比赛中伤了膝盖，此次失利让他错失了上大学的奖学金。他虽然对足球心灰意冷，但仍然在没有奖学金的情况下上了大学。然而，弗雷德并没有读完大学。大学二年级时，他因为和高中时期的恋人分手而退学。现在回想起来，对方似乎做出了一个很好的选择。

弗雷德 20 多岁的时候从事过很多种工作，包括建筑工人、保安、司机和保险销售。尽管他所在的保险销售公司对他进行了内容广泛的岗前培训，并在接下来的两年里对他精心栽培，但弗雷德的工作质量和销售额总是不达标。他需要大量的外部激励才能达到公司员工的平均水平。当外部激励充足时，每隔一段时间，弗雷德都会超越其他员工的平均水平，这表明他下定决心做什么肯定能做到。但是，没有外部激励时，他很快又会退回到以前的状态。

令人唏嘘的是，对像他这样的低收入人群来说，这种情况十分普遍：他们平庸的工作能力导致能选择的工作领域十分受限，并且他们似乎非常满足于在全国知名企业从事销售工作。他们总是沾沾自喜，满足于自己目前做得“不错”的工作状态，甚至觉得自己比朋友圈中的一些人做得更好。弗雷德将自己与团队中销售额排名末尾两位的销售代表进行了比较，发现他们的销售额比自己少，于是他安慰自己“至少我没垫底儿”。很显然，他并没有根据自己的潜力去衡量和评估自己的能力。

和很多人一样，弗雷德的“为什么”并不明确，也不令人振奋，它缺乏能促使自己改变并让自己更努力的力量。他有一个“刚刚够”的“为什么”，让他能做“刚好足够”的事情来勉强度日，但也只够拿到基础工资，不至于被解雇而已。弗雷德的内驱力很小，好胜心通常只在休息时间、午餐时间和下班时间表现出来。他的心理韧性无论当初作为足球明星时有多么强大，都随着他受伤的膝盖变弱了。

他经常怪自己的运气不好，明明是自己表现不佳却指责客户“古怪”或抱怨经理“无能”，并嫉妒比自己工作能力强的队友得到了更多的休假，但其实弗雷德才是自己最大的敌人。他冷漠而消极的人生观抵消了他两年的工作经验，他掌握的有关产品特点和工作流程方面丰富的知识在消极情绪面前显得微不足道。他倾向于找借口，把工作完不成归咎于他无法控制的情况，营造出一种自己是受害者的假象，这通常会让他感到不开心、注意力不集中、没有成就感。尽管他主动把自己置于困境，但他目前平庸的表现并不是不能改变的，除非他有意为之。在很早以前，他就将精神和情感“踢出”了公司，只剩一副空壳来应付工作。这种状态跟转换环境没有关系，就算换一份工作也无济于事，他需要的是自我改变。弗雷德可以通过改变思想来改变生活，但到目前为止，他接受并坚守平庸让人觉得可悲，然而更可悲的是他的前途和未来一片渺茫。

弗兰克

弗兰克比弗雷德更有上进心，目标和理想也更明确。他的父亲是一位知名辩护律师，在弗兰克成长的过程中对他很严苛，并对他的学业抱有较高的期望。在弗兰克的整个童年时期，老弗兰克积极承担起了做父亲的责任。但是，不管弗兰克在学校做什么，如从事的运动、交往的女孩、选择的朋友，对老弗兰克来说，所有事情他都做得不够好。父亲说小弗兰克永远不会有多大的成就，小弗兰克努力想证明这个结论是错的。他自小便在肩上扛着这样的重担，这让小小的他前行得十分艰难。弗兰克每次都会做好销售前的准备，在工作过程中，他全心全意，按章办事，无一遗漏。但是，一旦没有销售成功，他便专注于寻找新的客户和新的销售机会，并且他很少继续跟进老客户。他的心态是当下有所作为，以后听天由命。

得益于他更明确、更强烈的“为什么”，弗兰克通常是 10 人团队中排名前三的销售人员。弗兰克家里挂着一块黑板，上面写着他想要拥有的房子、汽车和手表。他渴望有一天能住在那所房子里，戴着那块手表，开着那辆车去看望他的家人。弗兰克的内驱力虽然比大多数人都要强，但好胜心还不够持久。他会很快放弃销售失败的客户，转头去开发下一个他认为的更容易成功的新客户，这表明他的心理韧性也比较薄弱。

虽然弗兰克的表现比弗雷德更高明、更稳定一些，但他在胜利后仍会自满，暂时的成功耗尽了他的紧迫感。例如，他获得了 3 月份的个人销售冠军，但在 4 月和 5 月的销冠争夺中败下阵来，直到

6 月才恢复了状态。弗兰克凭借在过去 10 年建立的客户基础，他应该每个月都夺得销售冠军，但他的业绩却忽上忽下。在从事销售工作 1 年后，他便掌握了当时工作所需要的所有知识和技能，但在之后的 9 年里，这些“知识和技能”维持不变，他几乎没有学到新东西，也没有提高效率。

弗兰克的“为什么”清单让他能够坚持不懈直至取得成功，他这么做不仅是为了赢得父亲的尊重，实现物质目标，同时也为了向人们验证一个信念，即他拥有未开发的潜能，就像超级巨星等待一朝成名一样。如果弗兰克能够在专注力、态度、工作能力、可塑性和坚韧性方面进行一些小调整，他未开发的潜能将在不久的将来被挖掘出来。

弗朗西斯

弗朗西斯离过两次婚，还曾是个“酒鬼”。但自从 7 年前她生下了有先天性疾病的女儿艾米（Amy），她就不再饮酒。和弗兰克一样，她也是销售领域的翘楚。她会做好销售前的准备工作，把所有与产品内容有关的东西整理好后交给每一位进门的顾客。但与弗兰克不同，弗朗西斯并不只是坐在店里等待销售机会的降临。在日常生活中她总是在寻找新的销售机会，当她停下来喝咖啡、给车加油或买各种东西时，她会把名片发给遇到的人。

弗朗西斯的内驱力已经达到了很高的水平。内驱力被定义为一种由遗传决定的、实现目标或满足需求的力量，而好胜心则指在为实现目标而进行的努力中一种志在必得、誓不放弃的动力。虽然“被驱动”是获得更大成功的必要基础，但好胜心是更高程度的内驱力。

弗朗西斯不仅有很强的好胜心，她还有充足的心理韧性。她对销售工作坚持不懈的态度和她的销售技巧一样令人钦佩。如果客户没有购买商品就离开了，她会与之保持联系，就算被怠慢也不会放弃，不达目的誓不罢休。

弗朗西斯强大的“为什么”清单指导着她前进，她的“为什么”由多个因素组成，其中主要因素有以下三点：

- 弗朗西斯出生于知识分子家庭，她的一些家人认为销售工作“是没前景的职业”，但她想努力证明他们是错的。
- 那些有能力的男同事瞧不起弗朗西斯，他们经常不尊重她并冷落她，只因她是 10 人团队中唯一的女性。
- 弗朗西斯最强大的动力是女儿艾米，艾米需要良好的教育和专业的医疗，而教育经费和医疗费用十分高昂。为了使艾米的病情向好发展，她的房子还需要扩建。她正在攒钱买一辆定制面包车，这样接送艾米上下学和接受治疗会更方便。弗朗西斯还喜欢穿职业装，因为职业装能凸显她成功人士的形象。

弗朗西斯每天的工作目标是如此明确，以至于她认为与毫无效率的团队成员说话、为完不成任务找借口、在工作中花时间完成低回报的任务统统都是浪费时间。由于她只关注业绩，同事们误以为她冷漠、自私、自负。然而，弗朗西斯一点也不在乎别人对她的看法。她已经连续 15 个月蝉联团队最佳销售员，在她看来，其他人应该以她为榜样，而不是针对她。事实上，同事们的小气和愚蠢是她最持久的动力来源，她不可能让任何一个人击败她而成为最佳销售员。

弗朗西斯是这个团队的成员，尽管她渴望成功，也希望团队的整体成绩能在公司名列前茅，但团队其他人似乎并不想要她的帮助，主要是因为这是弗朗西斯提供的帮助。

与艾米一起度过美好的时光是弗朗西斯的首要任务，所以她一直努力工作，并保证能在上班时间完成所有工作，这样她就不必像许多不好好工作的队友一样为了达到销售目标而频繁加班。弗朗西斯每天早上都会回顾自己写下的“为什么”清单，确定每天的优先事项，这样做是为了有意识地加强正确的工作心态。她开车去上班，上班前一边喝咖啡一边听励志播客，避开早间负能量节目。当走进办公大楼时，她已经专心致志、充满活力，准备好在自己熟悉的地盘迎接新的一天。她时常会偏离正轨，但她的底线是绝不允许弗雷德、弗兰克或团队中的其他人影响她，也不允许自己有一星半点的自满。

成为弗朗西斯

一旦你明确了你的“为什么”清单，让每个问题既明确又有意义，并像弗朗西斯一样每天回顾、反思，那么培养成功者必备的 10 个关键要素（态度、竞争力、品德、严谨、努力、自律、智慧、坚韧、精力和驱动力）的目标就能实现，这是她正确思考、不懈努力、有坚定的决心所得到的自然又持久的结果。如果你像弗雷德那样糊里糊涂、靠不住、漏洞百出，但却希望自己能变得更优秀，工作能力更强，那么你要努力做一些不同于以往的事情。然而，如果你不能持之以恒地付出努力，总想寻找一种更快捷、更便利的方式来获得想要的东西，那么很容易功亏一篑，一切又会回到原点。

作者之见：对于同一个东西，感兴趣的人只是好奇，而坚定的人确信自己能得到。这是两种不同的人，一种只能安稳度日，而另一种却能飞黄腾达。

想要培养好胜心就要先确定自己的目标与动力，当然，放弃那些无效又琐碎的活动也很重要，因为它们容易浇灭你内心的熊熊烈火。但是，对缺乏好胜心的人来说，他们从来不清楚自己每天必须做什么、不该做什么、该避免什么、该在哪些事情上少花时间。这将在第十章深入讨论。如果他们明确了自己的目标和动力，那么一定要做的事情和绝不该做的事情就会划分得非常清楚。

这一说法解释了为什么弗朗西斯在她有意识的心态的驱使下选择专注于工作，而不是参与同事间无意义的对话、抱怨公司管理有问题或抱怨客户很刁钻。如果每天都要花时间进行无意义的交谈或抱怨，那么时间总是不够用，工作效率也会很低。弗朗西斯不在乎其他人的眼光，对她来说，最重要的是得到自己最想要的东西。为此，比起融入团队获得好名声、好人缘，她更愿意一人单干，显然单干会事半功倍。

说回弗雷德，他的“为什么”既不清楚又没有启发性，导致他给了自己太多低效率的选择，并且太频繁、长时间地参与其中。弗兰克的好胜心和心理韧性虽然不够强，但由于他的问题清单上的“为什么”能够让他的注意力更加集中，使他能始终如一地进行有效的思考和活动，所以他不太可能像弗雷德那样频繁、长时间地偏离轨道。随着他的“为什么”变得越来越明确、越来越强烈，他会有意识地思考在什么事情上花费更多的时间才是值得的，并将注意力集中在与自己目标一致的日常活动和社交上，同时避免做出让自己偏离正轨的无意义行为。

作者之见：每个人都有好胜心，或强或弱。如何培养更强的好胜心是你自己的事情，没有人可以替你去做。

红腰带思维模式

你的日常关注、决策选择、休闲活动和工作中的优先事项都取决于你的“为什么”。你的职业道德、角色选择、从失望中恢复正常的韧性、冲出逆境的意志都由“为什么”在背后操控。强有力的“为什么”让你只有一个选择：继续奋斗。你的原则、内驱力的强弱、你开始或打破的习惯、你离开的人、你结交的新朋友等，都会受到你明确又强烈的“为什么”的影响，一切都从“为什么”开始。

这就是著名的“红腰带思维模式”，它以跆拳道等级来命名。这种思维模式能帮助你在生活的各个方面保持积极好学的态度。在跆拳道训练中，黑带是许多人向往的等级，而红腰带仅次于它。那些已经获得红腰带的训练者一直希望能升级到黑带，因此他们投入时间和精力来提升跆拳道实力，一步步靠近目标。他们的“为什么”驱使他们更努力、更持久地专注于自己的目标，并保持好学和谦卑的态度，因为他们还没有“到达”终极目标，他们仍然有值得为之奋斗的事情。另一方面，他们一旦达到最高等级，就很容易松一口气。他们的“为什么”强度减弱了，慢慢地，他们也不再像“红腰带时期”那样努力工作、努力学习、保持谦逊。这启示我们就算到达顶峰，只有继续保持红腰带思维模式，才能不断增强好胜心和心理韧性。

虽然红腰带思维模式植根于跆拳道，但它在生活的各个领域有着广泛的应用。红腰带思维模式的本质就是当你有了足以令人信服的理由去努力和改变时，你就会变得势不可挡。除非你有足够强大的能力来创造一种有主动意识的心态，帮助你建立心理韧性、培养好胜心，否则你就会因没有红腰带思维模式而浪费时间、陷入麻烦，也可能会打乱现状、停滞不前，最终走向衰落。综上，这一切都从建立强有力的“为什么”清单开始。

当你有了明确且强烈的“为什么”，你就有了希望、梦想和力量。哪里有强有力的“为什么”，哪里就有办法。你终究会找到你的“为什么”，每天寻求它的历程将在你的内心形成激荡，那是一个未知的过程，真希望你可以早点找到。

“制胜”行动指南

请有意识地制作一个“为什么”问题手册，记录你每天的“为什么”。比如，花点时间明确你每天起床的原因，以及为什么其他人要关心你每天是否起床。在确定你的“为什么”时，要充分发掘“为什么”背后的原因：用这个“为什么”作为你的每日目标的原因是什么？这是激发有意识的心态的基础，这种心态引导你远离无用的东西，专注重点。

参考你在上一章中所发现的容易让你自满的事情，并确保你创建的“为什么”足够具体、足够强烈，以防止自满。

獾男篮逆境事件之二
2019年6月24日：摩尔教练心脏病发作

在上一章中，我讲述了霍华德·摩尔教练一家发生的悲惨事件。短短一个月后，就在球队赛季开始前悲剧再次上演。

在摩尔教练一家遭遇车祸大约一个月后，球队成员和工作人员第一次来到了摩尔教练家看望他。摩尔教练站在客厅中央，用熟悉的笑容诚挚、热情地迎接球队。当看到教练身上大面积的烧伤时，队员们感到震惊又难过，他们围坐在教练身边，听他讲述车祸后的事：

- 他的儿子杰雷尔不顾自己身上的伤，将他从还在燃烧的汽车残骸中拖了出来，救了他的命。
- 逆境为摩尔教练创造了一个十字路口，他意识到这一事故要么使他远离信仰，要么更坚定自己的信仰。他选择了后者。
- 这场事故使他决心成为一个更好的人、一个更好的教练、一位更好的朋友和邻居，并在这些角色中尽自己最大努力做到最好。摩尔教练在房间里四处走动，点名让每位球员在自己的位置上做得更好。“米卡（Micah），你需要尽可能成为最好的篮板手。布拉德（Brad），你在球队中的角色是尽可能成为最强的头领。米奇（Meech），你要成为最好的控球后卫。”

- 摩尔教练详述了他在康复道路上所面临的阻碍，并阐明了球队在接下来的赛季中会遇到怎样的障碍。球队还剩几个月的训练时间，但同时也需要努力克服一些困难。

当晚，球员们带着教练的鼓励离开了。他们期待在比赛开始前摩尔教练能回来指导他们，让球队成员重新集中精力，最大限度地利用休赛期为2019—2020赛季的比赛做好准备。

但就在队员们看望完摩尔教练的几天后，教练因血栓并发症引起心脏病发作，随后陷入昏迷。

我的“制胜”笔记

当你或你关心的人发生不幸时：

- 尽管你自身也陷入困境，但你如何才能像摩尔教练那样为团队鼓舞士气、出谋划策？
- 你如何与家庭、团队或职场中的其他人相处，帮助他们增强判断力并专注于做下一件正确的事情，而不管周围发生了什么？
- 在心痛、沮丧和失落时，你如何让自己保持积极和专注？
- 你还能做些什么让逆境激发出你最好的一面，而不是压垮你？

第三章

心理韧性：成功者的必备能力

心理韧性不仅指在遇到阻碍、挫折或感到失望的情况下仍然坚持目标，它还体现了快速从损失或失败中复原所必要的恢复力。有些人有足够的心理韧性为自己想要的东西而努力奋斗，但当功亏一篑时，他们往往会完全放弃，或者需要很长时间才能重整旗鼓、恢复精力、反败为胜。好消息是：就像好胜心一样，你可以有意识、有目的、始终如一地提高心理韧性。

作者之见：朝着目标前进很重要，但对目标执着坚守也必不可少，这两者缺一不可。有的人虽然成功但从未充分发挥潜力，因为他们缺少经历挫折或失败后迅速恢复的能力。

心理韧性被视为在教育、体育训练或职场上取得成功的信心大小和恢复能力强弱的衡量标准。信心和韧性的美妙之处在于一旦你对自己的能力建立了充分的信心，你的心理就会变得韧性十足。

执行“不舒服”的计划，让内心“韧性十足”

心理韧性建立在信心和恢复能力的基础上，那么问题就变成“如何建立更多的信心并且在这个过程中使恢复能力变得更强？”我们先说说怎么做会适得其反。如果你总是做让自己觉得舒服的事情，做一直在做或者已经得心应手的事情，那就不能建立更多的信心，也不能提高恢复能力。虽然完成这些事情可能会保持你目前的信心和恢复能力，但一旦停止，那种信心会瞬间土崩瓦解。要建立信心，你应该做以前没做过的事情，敢于改变、提升、冒险。建立心理韧性要经常以一种让你不舒服的方式行事：努力工作，克服自满情绪的长期掣肘；走出舒适区；改变自己；在最重要的方面（如工作、人际关系、经济、健康、精神等）不断提升。

作者之见：自信就是敢于争先、节节攀升、克服万难、直达目标。

重建自尊与自信，挖掘自我价值

这里我要说明一下，自尊和自信是不同的。自尊指相信自己是个有价值的人，而自信是相信自己的能力。有自尊的人较多而有自信的人较少，事实一向如此。例如，当你执行一项未经训练的任务时，你可能会没有自信能将任务很好地完成，但强烈的自尊心会驱使你完成这项任务。为了获得更大的成功，你必须同时拥有自信和自尊，而有意识的心态会帮助你将这两个带来成功的关键因素融入生活。

告别自我设限，消灭对未知的恐惧

当弗朗西斯第一次跑腿寻找客户时，她分发名片并收集客户的联系方式以便于继续跟进，她这样做的目的是让人们知道她是谁、她是干什么的，这些工作超出了她的舒适范围，但她必须这么做。随后她因占用了客户的时间而打电话致歉，并邀请他们下次来附近时到她的店里喝咖啡。刚做这些事情的时候，她虽然感觉很尴尬，但她还是这么做了，因为她是新来的，她不能坐在门店等顾客上门。她需要培养自己的客户，这样她才能获得成功。当她看到自己的努力有了成果时，她更加坚定运用自己的方法，即做其他人不愿意做的事情，实现他们无法实现的目标，这些成果证实她的“为什么”非常有力度。

和弗朗西斯一样，弗雷德也曾尝试走出店铺去外面寻找销售机会。但当他试着接触潜在客户时，他的语言和方法都很笨拙，他对此早有预料。不用说，这种寻找顾客的方式让他非常不舒服，而当他没有马上看到效果时他就会放弃。很显然在开发潜在客户方面他缺乏信心，而且他从来无法做到坚持不懈。弗雷德多年来的习惯是：不愿意尝试一些新的东西，面对不适会很快退缩，还没熟练掌握工作技能就辞职。久而久之，他越来越不相信自己的工作能力，于是他就这样一直待在自己的舒适圈里，做自己熟知的事情，重复使用已得到的技能。他不是个例，生活中大约有一半人都是如此。

弗兰克擅长在工作之余发展客户，但只有当店铺生意不景气导致没有顾客时，他才有动力去施展自己的技能。在每月销售竞赛中，弗兰克总是因为缺少好胜心和心理韧性败给弗朗西斯，他从未击败她，无法成为销售冠军。

作者之见：如果你的理由足够充分、动力足够强劲，就不会因为不喜欢或不想做而不做你本应该做的事情。

制定更高的标准，实现心理韧性的进阶

建立心理韧性的一个有效方法是不断寻找机会“改变你的标准”。你的标准基于目前正在做的任何事情——你的生活、你的学习或日常工作，你已经掌握了必要的能力和技巧，它们让你感到舒

适。这些能力或技巧用来应对眼前的事可能很有成效，但做这些事已经不会像以前那样富有挑战性，因为你已经习惯了。例如，刚开始制定标准的时候，实现每月读 1 本书或每周去 3 次健身房的目标可能有些难度，但经过一段时间的实践，你每个月都能完成任务。你最初定的标准使你的自信心得以建立，接下来就是提高标准，让自己暂时“不舒服”，以建立更高水平的信心和韧性。因为只有当你走出了舒适圈，才有可能提高自己的表现水平和能力。同时在生活的多个方面逐步、持续地提高你的标准，更加有效地建立心理韧性。

例如，弗兰克平均每天打 10 个随访或跟进电话，这高于团队里除弗朗西斯以外其他 8 个人的平均数量。弗兰克坚持如此并成功让这一行为成了日常习惯。不管他在其他事务上有多忙，每天诚心诚意地打 10 个电话是他必须完成的工作。然而，当弗兰克逐渐适应并觉得没有任何不适感时，这恰恰暴露了目前这一标准的缺点，因为这 10 个电话于他而言不再是挑战，他的心理韧性也不会因此再度增强。每天打 10 个电话只能维持他目前的心理韧性，只有提高标准，他才会看到自己的心理韧性还有增强的可能。

因此，弗兰克决定把他的标准提高到每天打 12 个高质量的电话。刚开始的时候，他不能坚持做到每天打满 12 个电话。但是，当他克服了最初的不适，他很快适应了新的标准。同时，他需要想办法如何让每天的工作更有效率、如何花更少的时间在那些意义不大的事情上，以腾出时间打额外的电话。就这样，他通过制定更高的标准，将工作成效提高了 20%，进而提高他的眼界、信心和成功率。在逐渐适应了 12 个电话任务之后，他可以重复这个过程，将电话任务从 12 个增加到 14 个，从 14 个增加到 15 个，以此类推。信心来源于“相信自己的能力”，对于之前没有做过的事情，他不断挑战并取得成功，他的信心以及由此产生的韧性也将稳步上升。结果如何呢？久而久之，他有意识地建立了更强的心理韧性。

冲破“优越感”迷局，锻造强者思维

这是心理韧性真正发挥作用的地方：如果在提高工作标准的同时，弗兰克也将每晚的 30 个俯卧撑增加到 40 个，并将每月阅读 1 本书的标准增加到 2 本，那说明他的心理韧性正在稳步且有目的地发生改变。新标准以一种持续增长的速度产生效果，达到一定程度后，弗兰克的心理韧性将发展到爆炸式增长的新水平。通过逐步并持续地在多个方面同时提高标准，弗兰克将会拥有更加坚韧的心态。在这种心态下，他会慢慢适应初期的不适感。从不适到适应是任何想要努力提升自己的人都会有的变化过程。

作者之见：用美国商业哲学家吉米·罗恩（Jim Rohn）的话来说，“想要获得更多却不先付出努力让自己变得更优秀，这种心态很常见，但没有付出就没有收获”。

弗兰克之所以能提高自己的标准，归根结底在于他的“为什么”使他的信心和韧性提高到了一定程度，他明确又强烈的“为什么”让他别无选择，只能更努力。但事实上，弗兰克没有意识到使他状态良好的根本原因，他只是感到很欣慰，因为他的标准已经比弗雷德这样的人高太多了。改变标准的阻力很大，因为弗兰克总是倾向于将自己与他人做比较，团队里的大多数成员每天打电话不多于 8 个，他的朋友根本不做任何俯卧撑，他熟悉的人甚至 1 年都没有正经读过 1 本书。因此，弗兰克在这些方面感到非常优越，他认为没有必要再进一步提升自己。弗兰克将“优越感”建立在比别人更好的基础上，而不是建立在比以前的自己更好的基础上。

作者之见：事实上，超越其他人并不能证明你在进步或能力有了提升，只是其他人在这些方面比你差而已。

虽然只是拿弗兰克举个例子，但上文所述的“我已经比一些人优秀了，为什么还要更努力”的现象并不罕见，它代表了一种自满的心态。自满的人将自己现状与别人的现状进行对比，而不是和自己未来可能到达的高度进行比较，这种心态让干得不错的人满足于他们目前取得的成果。这种故步自封、偏执己见的行为植根于自满，阻碍人们发掘自身潜力，变得更加优秀。可悲的是，自我满足的心态对弗兰克来说十分受用，他总是在取得一点成就后就自我感觉良好。自满的心态让他觉得自己比大多数人都优秀，于是他问自己：“我为什么要做得更多？”“我在瞎忙活什么？”但是，如果他的“为什么”足够强烈，他一定会因没有进一步提升自己感到烦恼，他也会明白要忙些什么，绝不会浪费时间在无意义的胡思乱想上，因为他的目标会让他竭尽全力。

专注“超越自己”，踏上成长快车道

在之前的章节中，我说过培养好胜心需要一种有意识的心态，此刻，在已具备有意识的心态的背景下，让我们重新诠释好胜心的定义——好胜心指在为实现目标而努力的过程中一种志在必得、誓不放弃的动力。

像弗兰克那样的人将这一定义理解为：努力是为了超越别人。他们认为努力的目标是变得比别人更优秀。他们渴望建立一种有意识的心态，然后变得更强以打败对手。

事实并非如此，努力是为了超越以前的自己，这包括：以前所持的驱动力和竞争力；以前对待工作或生活的态度；以前的努力；以前的自律、坚韧等品格。正如以弗朗西斯为代表的精英们所言，他们的竞争对手是自己。

作者之见：你只有不断提高，不断超越已达到的最佳水平，才有可能成就最好的自己。但不管怎样，先超越自己，然后才能超越别人。

定期“加码”，粉碎抗拒心理

当你把自己当成最大的竞争对手时，你不仅会提高标准，而且不再自满。想一想，通过提高标准来培养心理韧性的过程就像锻炼肌肉一样：战胜抗拒心理、一次次定期加码（不是定量增加，否则会适得其反，而是慢慢适量地加码，直到成倍地超过以前的最佳表现），使肌肉得到锻炼。当你以超越自我为标准时，由此产生的一系列改变都会在适当的时候推动着你一步一步向前发展。但要注意此处有三方面的挑战：

- 人们渴望舒适，会自然而然地抗拒阻力、改变及不确定因素。

- 人们不会自然而然地养成自律或坚持的习惯，因为他们“感觉”不喜欢做这些事情，所以通常不会在应对真正的困难时坚持不懈、反复进攻，而是三心二意、没有条理。
- 人们自然而然地不想增加“负担”，也不想承受更多压力，因为他们对自己已有的承受力备感舒适和自信。

以上就是有必要建立一种寻求不适、接受阻力、承担压力的有意识的心态的原因。当你有了这样的心态，大多数人感到不适应的事情对你来说就变得得心应手了。

还有一个方式可以增加信心、提高效率，即通过降低非生产性活动的标准。例如，如果你习惯于每晚看3小时的电视，下次你可以少看30分钟，用这段时间做一些更有用的事情。这种做法打破了你的舒适区，会让你产生不适感，但对提高你的信心和心理韧性有促进作用。

关于上一章“有意识的行动”，我要提醒你的是：提高或降低你的标准需要有充足的理由，如果你还没有，那么明确你的“为什么”是必要的。如果你找不到可以促使自己前进的“为什么”，你很有可能会迷失方向，所以，在行动之前，你必须花时间重新确立它。你要集中注意力和精力，使问题清单里的“为什么”更明确、更强烈、更有说服力。

作者之见：“为什么”不仅仅包括你想得到什么，还包括你想成为什么样的人。一旦你明确了自己的目标，根据目标的类型和特点做出恰当的决定就更轻而易举了。

闯出舒适区，积攒高价值经验

尽管你已经通过改变自己的标准持续不断地扰乱了生活中那些令你感到舒适、确定、安全的领域，已经习惯了这种改变，而且你明白这样做是值得的，但这仍然不是一件容易做到的事。这正是建立有意识的心态如此重要的原因：你可以做一些自己不愿意做别人也不愿意做的事情，体验一种自己从未体验过且其他人永远无法体验的生活，因为他们把自己紧紧地关在舒适区内。

在你已养成习惯的各种日常活动中，至少要选择三个方面，这三个方面是有用的，而且能坚持做下去。其中可能包括你的工作、训练、个人成长计划等。同时，提高你在这些方面的标准，使自己产生不适感，增强你需要的心理韧性，有意识地成为优秀的人。还要考虑降低一些领域的非生产性活动标准，并用生产性活动取代它们。

獾男篮逆境事件之三

2019 年 11 月 5 日：獾队首战输球，加时赛开局不利

球队因摩尔教练一家的遭遇而凝聚在一起，并做出了必要的心理调整和人员调整，以确保在摩尔教练缺席的情况下，球队能保持状态。獾队的成员们想努力打败全国排名靠前的对手，为本赛季赢得一个美好的开端。

由于摩尔教练能否平安归队尚难确定，獾队决定将本赛季献给受伤的教练。他们的座右铭是：致敬摩尔，成为摩尔，为了摩尔。

比赛在南达科他州苏福尔斯的桑福德体育馆的第三方场地举行，獾队预计在本赛季揭幕战中对阵全国排名第 20 名的圣玛丽队。为了向摩尔教练致敬并践行他们的新座右铭，球队在赛前看望了苏福尔斯桑福德儿童医院的孩子们。在热身赛中，獾队穿上了新设计的绘有“致敬摩尔，成为摩尔，为了摩尔”字样的热身 T 恤，他们在整个赛季延续这种做法。两队都在赛前默哀，向摩尔教练及其家人致敬。尽管獾队一直保持着领先优势，但在加时赛中仍以 65 比 63 失利，獾队以 0 比 1 的战绩开始了“献给摩尔教练”的一年。

我的“制胜”笔记

- 在情绪低落或遭遇挫折时，你会采取什么方法来重新集中注意力？

- 你是否有一种将可能要发生在你身上的事情变成现实的方法？这是什么方法？然后会发生什么？
- 当你奋力拼搏却功亏一篑，或者觉得自己让某人失望时，这种逆境反而令你收获什么？

第四章

镜子法则：升级决策力，突破人生迷局

当弗朗西斯结束疫情期间的休假返回职场时，她已经做好了开始工作的准备，并且准备得特别充分，因为她在休假期间也从未忘记此事。反观弗雷德，他在假期每天都睡懒觉，清醒的时间要么浏览新闻，要么沉迷于网飞（Netflix，美国流媒体播放平台）电视剧。与弗雷德不同的是，弗朗西斯在休假期间做出了更好的决定，这个决定很快促使她在工作中占据了优势。

- 她决定按时起床并进行锻炼。
- 她决定更新自己的“为什么”清单，并在每天早上的例行思维过程中进行反思。
- 她决定在休息时间参加线上“销售精英培训”课程，每月阅读 1 本励志书，并在线研究竞争对手的产品。

与弗朗西斯不同，弗雷德在休假期间的做法导致他重返工作岗位后，本就不突出的工作表现更平庸了。

- 弗雷德决定关注他无法控制的日常信息，即不断变化的政府指令以及每日的感染率和死亡人数统计的新闻。
- 弗雷德决定在大众媒体上花更多的时间，他反复给自助餐厅写差评，在网上发布自己的沮丧情绪，在社交网站上参与无休止的辩论。

- 弗雷德决定把时间浪费在不停地猜测他的纾困支票何时会到来，以及思考政府还可以做些什么来帮助他渡过难关上。

作者之见：镜子法则（the Law of the Mirror）说明决定人生方向的是个人决策而不是外部条件。

正如人类历史上常见的情况一样，拥有相同条件的人们做出了不同的抉择，导致他们最终走向了截然不同的方向。在弗雷德看来，平静生活中突然爆发的疫情好似一场无妄之灾，因此，他认为自己是受害者，并被这种思想所束缚。与他相反，弗朗西斯则决定想办法利用这场疫情带来的休假学习新东西、提高自己的水平、获得工作优势。显然，弗朗西斯的决定更好地帮助她免受疫情的影响。

有意识地建立你的心态，重点是利用正确决策的力量，同时减少对有利条件的依赖以取得进步。对于生活而言，这种心态使你更像主动出击的拳击手而不是被动的沙袋，使你能够积极主动、设定节奏、掌控全局。这并不是说突然出现的、你无法控制的艰难条件对你的生活轨迹没有影响，简单地说，当你面对这些困境时，做出正确的决策会使影响变小。事实上，你现在所处的人生状态是由你之前所做的决策带来的结果，而如今你每天所做的决策将极大地决定你的未来。

作者之见：成功不是偶然的，而是积累每天重复的正确决策和行为；失败不是偶然的，而是积累每天重复的错误决策和行为。

——吉姆·罗恩

为了说明不同的人在经历同样的情况后所做的决定是加强还是削弱了他们的好胜心和心理韧性，我们更深入地看看弗雷德、弗兰克和弗朗西斯在新冠疫情期间的决定，以及当他们休假回来后的决定。当时，美国政府要求关闭非必要的企业，这使他们的办公室被迫关闭了 90 天。

我们将重点关注 ACCREDITED 理念里提到的态度和坚韧性。这两者在很大程度上可以说是决定人们外在行为表现的基本因素。

只做能控制的事，掀起“效率革命”

态度的定义是：一个人的行为反映出的一种固定的思维方式，即一个人对生活的基本观点。建立一种有意识的心态，培养心理韧性和好胜心的一个方面就是管理好自己的态度。你应该专注于一生中可以控制的事情，尽管你知道无法控制发生在自己身上的所有事情，但仍然要负责任地思考和认真地选择如何应对这些事。

作者之见：态度是一种选择。你对一件事的反应越积极、越主动，进步就越大，换言之，反应的质决定了进步的量。

弗雷德以疫情为借口，在休假的几个月里思想倦怠，甚至选择被动地生活、等待援助。

由于弗雷德的决定，他成了疫情休假期间的受害者：失去了好胜心和心理韧性。他那一点点驱动力因他的放纵而被扼杀，甚至曾经仅有的信心也无法保持，从而导致他的主动性缺失，开始被动地生活。与其说他是拳击手，不如说他更像一个沙袋，挨打、被推搡、退缩，而不是主动进攻。他的态度是被动接受，他看不到休假能带来什么好处，于是整天都在思考发生在身上的一切“不幸”。

弗兰克决定每个月利用一些空闲时间多读1本书，他打算从阅读计划中的图书开始，但他无法将目光从旁边的电脑上移开。他的注意力不断被企业倒闭、失业率飙升、最新的政府命令及关于股市波动的新闻快讯所分散，导致几天过去了，他连这本书的第一章都没读完。弗兰克不愿意做出把心收回来、将注意力集中在阅读上的选择，好像一旦错过这些信息就会改变他的生活似的。

弗兰克没有做出可以提升自己的选择，他仍然关注那些微不足道的、消极的、超出他控制范围的事情，而不是专注于更能产生成效的任务，这让他丧失了好胜心和心理韧性。

弗朗西斯在高中时是一名排球运动员，也是一名狂热的体育迷，她认为休假是“休赛期”，所以她会在休假期间做很多事情，就像上学时她总是在暑假期间充实自己。由于她知道返工后会有很多地方需要弥补，所以她决定在生活中自己可以控制的方面加倍努力，特别是自律地完成日程安排中的工作。同时，她还制定了一个可以改变态度、提高技能、充实知识的方案。她做的这些努力使她在疫情休假期得到了一次提升的机会——这是她在这次危机前没有意识到的机会。

尽管弗朗西斯在休假期间的整体工作效率很高，但她发现自己在非工作时间的一些习惯上存在问题，即在社交媒体上关注总统竞选活动花了太多时间。这让她感到很不舒服，也让她意识到过去常常不能最大限度地利用自己在工作和家庭中的时间，主要是因为她确信自己在工作上取得的优异成绩足以证明她肯定用尽了全部努力去做有成效的事情，因此，她不自觉地停止了调整标准。但她对自己发现的问题采取了行动而不是置之不理，通过这种方法，她将自己的问题转化为改善的动力，并开始在这些方面做出更好的决定。面对与弗雷德和弗兰克相同的情况，弗朗西斯没有把精力集中于关注现实中的危机，而是将关注点转移到自身。她认为自己才是提高工作效率的最大障碍，她选择通过最大限度地利用自己有限且珍贵的时间，跳出一贯的标准，开辟新的道路。

作者之见：你不面对的问题永远无法得到解决，你不承认的错误永远无法被改正。

享受新的挑战，让人生火力全开

ACCREDITED 理念提到的 10 个要素，其中一个就是坚韧，它的发展对增强好胜心和心理韧性至关重要。坚韧被认为是一种“非常坚定的品质或行为”，指你即使在别人追求与你相同的梦想时走弯路、犹豫，即使你花费太长时间或感觉太困难，也要坚持实现自己的目标。从这方面来说，坚韧与百折不挠非常相似。坚韧是一种品格，也是一种态度，更是一种选择。

休完假回到工作岗位的时候，弗雷德、弗兰克和弗朗西斯再次有不同表现。这一次，他们在面临同样的机会和困难时表现出了不同的坚韧程度。注意他们的坚韧程度有何不同，以及在面临相同条件时，他们的决定如何影响自己本身的坚韧程度。在此过程中，你也可以考虑这个问题：在自己的生活中，你最认同哪个人的表现？

作者之见：你需要做出决定，是否要坚持不懈。尽管你无法选择阻碍你实现目标的障碍，但可以决定不顾这些障碍锲而不舍地坚持下去。

无论生意惨淡还是兴隆，弗朗西斯都顽强地朝着她的“为什么”努力，“为什么”就是她的目标，这些目标的重要性使她别无选择。她无须受到他人外在的鼓动、诱惑、乞求、威胁或贿赂，就能始终如一地按照既定流程轻松安排日常生活、与客户保持联系、从低谷中恢复过来。她已经接受了这些行为习惯并持续了很长时间，所以能不假思索地去做。如果出现阻碍，可能会暂时打断她的步伐，但不会改变她的方向。

坚韧已经成为弗朗西斯一个典型的重要特征，是她品格的一部分，也是她习惯的行为模式和生活方式。那些与弗朗西斯类似的人可能都是如此，他们对实现自己的“为什么”有足够的了解，每天都专注于它，并要求自己尽一切努力实现它。

作者之见：在你下定决心继续奋斗之前，你必须有值得奋斗的目标，正是你想得到的“这个”或“那个”构成了你的“为什么”。

当弗兰克度过了艰难的1个月后，他变得一本正经，他像激光一样专注于工作，并以双倍的坚韧积极努力，使每一天的时间和机会实现效益最大化。他自诩在压力下和落后时工作得最出色，当别人把他视为失败者不再重视他的时候，他反而能仅用1个月的时间快速完成任务。对此，他感到十分自豪。

弗兰克只有在某些情景中才会展现他性格里坚韧的一面。当他举步维艰时，他才会有坚定的决心想要变得更加成功，但是一回到正常状态，他就会松懈下来。由于他缺乏足够的好胜心和心理韧性，所以一时兴起的坚韧只能维持短暂的时间。如果弗兰克有更强大的理由支撑他不放弃的话，他每个月都可以和弗朗西斯争夺销售冠军。如果他非常强烈地想得到什么东西就好了；如果对他来说有十成把握的人或事超出他的能力范围就好了；如果他能成为一名更优秀的队友，并对团队产生积极影响就好了。“如果”是对弗兰克的职业和生活的虚构，真实情况是这样的：如果弗兰克的“为什么”意义重大、不可忽视，以至于他只有在不得不停下来时才会停下来，那么他的生活就会被提升到一个完全不同的水平。

作者之见：在踌躇的平原上，有数以百万计的白骨，他们都是在黎明前的黑暗里止步不前的人。他们离胜利的曙光就差一小步时，却坐下来等待，最终等来的只有死亡。

——乔治·W. 塞西尔（George W. Cecil）

用“潜力”代替这句犀利的名言中的“白骨”，你就会明白弗兰克和无数像他一样的人的命运。重要的是要记住“坐下来等待”不是一个条件，而是一个决定：决定放松，决定休息，决定精神或身体退场，决定干脆放弃。一切都是决定，没有条件。错误的决定会导致自我伤害，甚至可能剥夺未来美好的生活。

弗雷德在生活中主要坚持做两件事：一是保持安逸，二是向别人解释清楚他没有更成功的原因。在这些方面的辩论上，他镇定自若、能力非凡，并且训练有素。弗雷德长期以来一直在这两件事上固执己见，他确信自己是对的，并且认为全世界的人都犯了错误，他们既破坏了他的舒适区，又不接受他的可怜虫心态。

作者之见：你越频繁地进行错误的思考和行动，你想的和做的事情就越显得正常，你做的毫无意义的事情就越多，你就越不清楚它们所造成的后果。

正如 ACCREDITED 理念中提到的要素，如精力和努力，只有当你以正确的方式运用它们，投入充沛的精力和充分的努力时才有帮助。同样，当你下定决心不改变现状、抵触不适感并始终认为自己是正确的时，坚韧可能会对你不利。这个问题阐明了为什么“品格”对好胜心和心理韧性来说如此重要：它迫使你保持谦逊好学的态度、承担责任、做出正确的决定和执行有效的自律。此处需要注意的是，在你的思考和行为中，强化或滥用这 10 个被认可的要素时，每一个要素都会以某种方式对你产生影响，使你变得更好或更糟糕。读完这本书后，你将有机会建立一种有意识的心态，投入时间改善态度、增强坚韧等。

这是没有办法绕过去的：做出正确的决定是建立一种有意识的心态的基础，以提高心理韧性并培养好胜心。为此你必须做到以下几点：

- 有一个明确又强烈的“为什么”。
- 参与有益的日常活动。
- 尽量减少参与或完全避开那些拖后腿的活动。

- 改变标准。
- 把不舒适变成舒适。
- 对于那些重要的事，即使不喜欢、不愿做也要做。
- 更加专注于生活中可以控制的各个方面，并停止对无法控制的事情给予关注、投入精力。
- 怀着与强健身体相同的意图强健心态。
- 与可以提升自身水平的人交往，远离会把你拖进地狱的人。
- 向着目标主动出击。
- 坚持到底。
- 在做一件事的整个过程中保持谦逊和好学的态度。
- 在每章结束时进行有意识的行动练习。
- 以极恰当的方式和坚持不懈的精神应用从课程中学到的知识。
- 做出更明智的决定，并与每天的“为什么”的所有方面保持一致。

无论在接下来的工作或生活中可能会面临什么样的状况，做出以上决定都会让你取得成功。

作者之见：更大的成功不在于你有什么能力，而在于你愿意做什么。你必须接受这样一个事实，即反复做出正确的决定会使你成功，从而缩小“知道”和“做”之间的差距。

推动自信升级，扭转惨淡局面

如前文所述，镜子法则表明：“决定人生方向的是个人决策而不是外部条件。”建立一种有意识的心态，积极承担个人责任，这种有意识的心态创造了一种个人力量，让你更专注地做出自己能控制的有成效的决定，而非被你无法控制的事情所束缚或伤害。但是，生活中仍有一些超级爱抱怨的人，还有一部分人则始终认为自己是典型的受害者，他们永远都不会知道这种个人力量有多强大，他们投入更多精力只为寻找不能使自己变得更好的替罪羊而不是解决方案。“照镜子”有助于建立心理韧性，因为“镜子里”有你不喜欢的或者让你感到不舒适的东西，而当你努力扭转让自己不悦的现实时，你的信心会增强，好胜心也会随之大增，你也会从此所向披靡。

“制胜”行动指南

思考一下你的健康、婚姻、养育子女、人际关系、工作或经济等方面，写下这些方面中让你对现状或结果感到失望的地方。为了开始朝着更好的方向前进并提高在该方面的成就感，你至少要在每个方面做出一个具体的决定，并加以时间限制，那么你的决定是什么？

獾男篮逆境事件之四

2019 年 11 月 21 日：米卡·波特（Micah Potter）参赛资格再次被拒

在獾队“献给摩尔教练”的赛季缓缓拉开帷幕之后，他们特别希望转学生米卡·波特的加入能帮助他们在 11 月和 12 月的剩余时间里恢复精气神。

米卡·波特是俄亥俄州立大学（Ohio State University）的一名转校生，上一个赛季，他一直在等待全国大学生体育协会的参赛资格。米卡符合所有的参赛规则和章程，獾队给他选定了位置，期待他用绝佳的体型优势和丰富的经验来完美演绎他在球队中的角色，并为本赛季做好准备。

在此之前，米卡的参赛资格申请曾经被拒绝，人们希望新的听证会可以改变这一明显不公平的决定。但在 2019 年 11 月 21 日的听证会上，全国大学生体育协会将他的参赛资格又推迟了整整 1 个月，这让所有队员感到震惊和沮丧。直到 2019 年 12 月 21 日他才开始第一场比赛，他缺席了大约 1/3 赛季。当球队寄希望于一个魁梧的队员给他们带来优势时，他们的梦想幻灭了，无法更改。球队一直在为米卡不能上场而感到惋惜，虽然就算没有米卡，他们也会坚持下去，但是他们觉得这种坚持很有限，人手也不够。米卡当天在自己的社交账号上发布了以下消息：

我的资格申请今天再次被拒绝，一切已成定局，真是令人遗憾。

我对此感到非常失望和沮丧。我仍然很不解，为什么我会因为全国大学生体育协会对学生运动员的行为举止要求而受到惩罚。

在接下来的1个月里，我的目标仍然是：尽一切可能为我的队友准备即将到来的比赛，并在场外支持他们。

我要感谢所有帮助我渡过这一难关并支持我的人，特别是凯蒂·史密斯（Katie Smith）、斯科特·汤普塞特（Scott Tompsett）、巴里·阿尔瓦雷斯（Barry Alvarez），当然还有我的教练、队友和家人。

在整个过程中，我的信仰一直是我的堡垒，我知道上天对一切都有完美的安排。

我没有遗憾，我为成为一名獾队成员而感到骄傲，我迫不及待地想在1个月后参加比赛。

我来了！我的威斯康星州！

我的“制胜”笔记

- 对不公正或因其他无法控制的力量造成的逆境，你如何提升反应能力？
- 你如何鼓励正处于逆境中的人？
- 你是否有过这样的经历：曾经认为一件不公平的事可能会发生在你身上，之后它确实发生了而且你还认真地对其进行了反思？

第五章

态度：心态好坏决定进步多少

建立积极心态，拔高自身“软能力”

在与威斯康星州立大学獾队合作时，我引入了“能力”（ABLE）一词，首字母“A”代表态度（attitude），字母“BL”代表肢体语言（body language），字母“E”代表能量（energy）。这个词的主要意思是态度影响肢体语言，肢体语言影响能量水平。这一切都始于态度，态度是反映在行为中的一种固定的思维方式，同时，态度也代表了一个人的人生观。

通常情况下，你还没听到一个人说话，就可以根据他的肢体语言和能力水平来判断他的态度。例如，一名球员连续投篮失败后，经过观察，你可以看到他或低着头前后晃动，或肩膀下垂步伐缓慢，他沮丧的样子就像驴子屹耳（动画片《小熊维尼》里一头眼神忧郁、愁眉苦脸、自怨自艾的灰驴）的人类翻版。糟糕的肢体语言和低能力水平都源于球员态度中的错误思想。这位球员如果不调整自己的态度，不久之后，可能会完全放弃投篮，或者投篮时对进球不抱希望。

另一名球员也是5次投篮5次失败，但他表现得毫不慌张，他快速恢复了精气神，并相信自己已经从一系列投篮失误中吸取到了经验教训。一旦有机会，他就会再次投篮。同样，这名球员的做法也取决于他的态度。正是他的态度影响了他的好胜心和心理韧性，这两者在很大程度上决定了他最后是渡过难关还是崩溃。

作者之见：具有心理韧性的人并没有把失望看作失败，而是把失望视为继续奋斗的力量。

在教育、体育训练和职场中，这类例子十分常见，即具有相似技能、知识、天赋和经验的人经历了相同的考验，但选择以完全不同的方式处理问题。这就是为什么“态度”是本书中重点阐释的ACCREDITED理念中10个关键要素之一。良好的态度是好的开始：拥有积极健康、乐观向上的态度是一件了不起的事。

当你在下面章节中以类似的方式研究剩余的9个要素时，你可能会注意到某些要素的某一方面是相似的甚至重叠的。例如，稍后要学到的严谨性，其中一个方面是“我成功地执行了我的日常任务”。当你意识到类似或相同的内容在多个要素中反复出现时，你应该格外留心，它们需要得到更大的关注，你要付出更多的努力，因为这种重复标志着它们对培养好胜心和心理韧性尤为重要。

7个关键打造高级心态

1. 总能积极对待消极的事情

弗雷德和弗朗西斯各有一位长期合作的客户，后来他们的客户决定另寻卖家。此事一出，弗雷德召开了一次“倒霉鬼联谊会”，与每一位愿意倾听的同事分享了这个坏消息。他认为他的客户浪费了他的时间，并表示如果以后照这样发展，那么每个人的日子都将不好过。他跟团队中的新同事说：“你选择进入这个行业的时机不太好，希望你的孩子饭量不要太大。你可能是想丰富你的简历才来到这里工作，这里曾经是一个很好的职场，但现在我不太确定了。”

无独有偶，弗朗西斯在随后的跟进电话中发现她的客户也选择在其他地方买东西。在电话中，她首先因占用了这位先生的宝贵时间而表示抱歉，然后祝他一切顺利，最后表示她希望将来有机会能再次为他服务。电话挂断后，弗朗西斯在脑海中回想了与客户沟通的整个过程，寻找失误点，即她本可以做得更好的事情，或者她可能错过的客户曾表露出来的购买迹象，并确定是否因为自己没有陪客户一起购买最符合他需求的产品而导致他选择在其他地方购买。她决定有意识地努力询问下一个客户更多关于购买动机的问题，以便增加为他们制定最佳解决方案的机会。在她看来，这次失败的销售经历将有助于提高自身技能，并为她带来更多的销售机会。

作者之见：人与人之间的差异很小，但微小的差异却有天壤之别。微小的差异是态度；天壤之别在于这种态度是积极还是消极的。

——W. 克莱门特·斯通（W. Clement Stone）

作者提问：你是否会十分迅速地做出消极的反应，而对如何做出积极的反应或想出好的办法却很迟钝？

2. 不容易生气

是否容易生气与许多可能对你的态度产生影响的情况有关，如果你放任自己的情绪，可能会让你偏离方向：

- 你在社交媒体上看到对自己不利的内容。
- 某人对你说的一些你认为有侮辱性质的话。
- 有人恶意超车。
- 你觉得自己做得很好却没有得到足够的表扬。

- 某人与你持相反的观点。
- 某人称呼你的语气让你很不自在。
- 服务员在过去很长时间后才给你续杯。
- 有人撞了你却没道歉。
- 和你一起吃午餐的人喋喋不休却不让你插一句话。
- 有人打断你的发言。
- 队友没跟你说“谢谢”。
- 配偶没有说“请”。

以上这些情况都可以作为让你生气的合理理由，但你的态度将决定你是否上钩：将你的注意力和精力转移到这些没有意义的事情上，或者你认为这件事不重要，不足以说给别人听，不值得你花费精力回应或纠缠于此，更不会将痛苦带入你的生活。没有人希望你成为受气包，而是建议你要有洞察力，当上述这些情况发生时，你是否会理智地思考：“刚刚发生的事情是否真的足够重要？我投入宝贵的时间和精力是否值得？”

坦率地说，被强烈的“为什么”所驱使的人已经有了强大的心理韧性以及由此带来的自信心和安全感，没有时间理会生活中那些会分散注意力、耗费精力的废话。他们太专注于大事，绝不允许任何可能激怒他们的小事拖慢他们的速度、转移注意力、耗费精力、改变他们的态度。

作者之见：任何人都不能激怒你。智慧的相处艺术在于视而不见。

作者提问：你是否对那些无关紧要、无益于激发个人潜能的事或人过于敏感？你是否过于关注那些让你偏离方向并且更难实现目标的人或事？

3. 言谈积极乐观

这一点涉及很多方面：

- 关注解决方案，而不仅仅是指出问题。
- 鼓励或赞美他人。
- 背后说人好话。
- 不说闲话，不抱怨，不恶意猜测。
- 不讲低级趣味的笑话。
- 不表达偏见，不评判他人。

如果你的言论与上述内容背道而驰，即陷入任何一个陷阱或做出相反的事情，那都会贬低你的价值，这样做不但给他人造成毫无意义的干扰，而且将你的精力浪费在不会给你带来积极回应的事情上，同时浇灭了你的好胜心。此外，事后反思那些错误言论可能会让你感到羞愧，觉得自己很糟，伤害自尊，减弱自信，同时降低心理韧性。由此可见，语言很重要，因为从你嘴里说出来的话仅仅是你内心感受的表达，你需要自我控制才能睿智地管理你的言论。当说出口的话对他人和自己伤害越大，你越应该这样做：思考这些话会让你更接近你的“为什么”，还是使它更难以实现。

作者之见：语言能激励人，亦能毁灭人，请三思而后言。

作者提问：你的加入是让对话更有趣、更有意义，还是越来越无聊？你说的话是吸引人还是令人排斥？你会拥有更多机会还是让机会远离你？

4. 把注意力集中在能控制的事情上

注意力指关注一件事情的能力。每个人都会在一天中专注于做某件事，你所关注的事情很大程度上决定了你做了哪些事情，这些事情的结果是你朝着自己的“为什么”前进了还是让前进的道路变得更长、更艰难。

一天之中，重要的是要管好自己的思想和言论，不要把注意力集中在无法控制的事情上，因为它们会让你感到无能为力并变得被动。这种被动会削弱你的能力、好胜心和心理韧性，并将你的努力方向从主动实现目标转变为守株待兔。

你可以了解世界上发生的新闻，但不要沉迷，不要让你的思维和对话都围着它们转；不要消极地谈论公司里的其他部门或人，相反，只要有可能，就去和同事们谈谈；不要抱怨客户、产品库存或资源有限，要最大限度地利用你确实拥有的资源。

你可以控制的事情：

- 将时间花在何处以及花在谁身上。
- 态度、职业道德、自律和后续做法。
- 吃什么，是否运动，以及如何对身体进行整体护理。
- 是否每天都在努力建设自己的心态。

- 是否有计划、有准备或者已经实施。
- 是否学习或者成长。
- 是否会寻求反馈，以及对反馈做出回应。
- 是否谦逊、有可塑性，或者乐于助人。

正如你所看到的，与其把时间浪费在无法控制或无法带来回报的事情上，不如去做自己可以控制的事情，这样更有意义。

作者之见：在生活中，随着年龄的增长，你关注的东西会变得越来越多。当关注无法控制的事情时，你不如睁一只眼闭一只眼。

受害者与真相

弗朗西斯注意到弗雷德坐在桌前，将头埋在手臂里。

“你病了吗，弗雷德？”她问。“是的，我病了，这个月病了。我的销售额只有原来的一半。”他回答。

在过去的18个月里，弗朗西斯的家搬到了与之前相反的方向，她经常和弗雷德一起走在布莱姆大道上。

她追问道：“你为什么觉得自己工作很吃力？”

“我从哪里开始说呢？”他愤怒地甩着双手，“首先，没有人喜欢在这种天气走出家门，更不用说在经济仍然没有恢复、失业率高得惊人的情况下。而且，我们在停工期间积压的货物日期也不新了。此外，我认为我们的广告也不行，不像过去那么吸引人。”弗雷德突然快速扫视了一下办公室，斜靠在办公桌上继续抱怨：“我也就跟你说说，我觉得管理层为了发展所做的一些决策并不怎么样，他们在象牙塔里刚愎自用、不可一世。”

弗兰克从旁边经过，听到他们正在聊天，插话道：“我同意你的看法，弗雷德，但有几件事除外：我的销售额是你的两倍；弗朗西斯是你的三倍；我们每天来上班，你刚刚指出的管理、广告、库存、经济和天气原因，都是我们共同经历的。也许你应该反思一下，想想你能做好什么。当然，我只是说说而已。”

“那么，你是在说这都是我的错？”弗雷德厉声问道。

“差不多，”弗兰克回答，“坐在那里抱怨并不会让事情变得更好。如果我是你，我会停止抱怨，站起来做一些工作。说到工作，我现在要去打一些电话。”

弗雷德困惑地盯着弗朗西斯，说：“你觉得他可以这样跟我说话吗？他又不是我的老板。”

“他这样和你说话，是因为他在意你，弗雷德，他关心你，希望你做得更好。我同意他的看法，振作起来，去做一些积极的事情，现在才上午10点。”

弗雷德难以置信地看着离开的弗朗西斯，然后瞪着正在打电话的弗兰克，心里怒气腾腾。他想知道他们怎么会这样合伙对付他。他为自己的失败找出的每一个理由都是真的。他想：“他们做得比我好并不代表他们拥有可以欺负我的权利，这就是当一个老好人的坏处，每个人都觉得踩我一脚很容易。”弗雷德站起身，按规定的早间休息时间打完卡，朝着餐车走去。卷饼和红牛总是能让他感觉好些。

作者之见：相似的人在相似的条件下做相似的事情会产生不同的结果、过不同的生活，因为他们的态度不同。

作者提问：你更关注无法控制的事情，莫非是因为关注这些比做职责范围内的事情更容易？这样做是一种让你更容易实现目标的策略，还是让实现目标变得更难？

5. 在压力下仍能保持优雅

压力是生活中的既定因素。我们需要一定程度的压力来使自己保持警觉和忙碌，压力有时也有助于我们成长。每个人在一天中都会忍受压力，但我们的能力和工作效率取决于如何应对这些压力，我们目前的精神状态也会影响承受压力的能力。一个人成长和成熟的表现为：处于负面情绪或压力中，却不会受它的影响。

如果你注意力不集中，缺乏心理韧性，也没有做好准备，更没有一个明确的“为什么”在你即将被激怒的时候让你冷静思考，那么你在紧张的情况下很可能反应过度或感到恐慌。如果身处舒适区而不通过不断提高你的标准来培养心理韧性，那么压力很快会把你选择的舒适状态打得粉碎。相比之下，当大量压力来袭时，精神上更坚强并且能很快适应不舒适状态的人几乎不会放慢脚步，他们在压力下仍能保持冷静、睿智、专注和干练。

在许多情况下，精神上更坚强的人会将制造压力的任何一种因素视为挑战或成长的机会，并因此精力充沛。他们明白，应对压力的最佳时机是在压力来临之前。建议你做以下这些事情，以便在压力来临时有充足的经验应对：每天有意识地建立良好的心态，提高应对能力；不断调整标准；努力找到一个明确又强烈的“为什么”

并做好准备，在压力成为阻碍之前渡过难关。

在压力下保持优雅包括以下几种情况：

- 面对最坏的情况，不要反应过度或匆忙做出判断。
- 不要迁怒他人。
- 在品德不打折扣的前提下找到最容易的办法。
- 不要指责、攻击他人。
- 不要说或做一些你今后必须道歉的话或事。
- 不能因为被胁迫、为了使某人开心或暂时缓解压力而做出愚蠢的承诺或妥协。
- 保持不被任何压力所困扰的状态，专注于继续做正确的事情。
- 承担责任并保持冷静。
- 保持善良、谦逊和恭敬。
- 待人宽容。
- 在其他人无能为力时不要展露你的能力。

作者之见：心理坚韧的人不会因为一时的感受而违背原则。

作者提问：你的优雅宽厚给了那些与你同行或职位比你低的人，还是只给了你的顶头上司？

6. 不会指责别人或为自己找借口

对自己的行为和由此产生的结果负责可能会让人不自在，这就是为什么缺乏心理韧性的人容易通过找借口或指责他人来减轻个人承担的压力。虽然找借口和指责他人与品格有所关联，但它们也与错误的态度脱不了干系。毕竟这是一种不正常的心态，将所有其他的人和事都视为问题所在，认为那些才是阻止一个人获得更大的幸福或成功的阻碍。

当弗雷德的月销售业绩下滑时，他认为自己是受害者，把责任归咎于广告、管理、库存甚至客户。

在同样的情况下，弗兰克倾向于承认有些事情他本可以做得更好，但他仍然在谈话中随意找出了个借口——“当然，股市下跌让人们紧紧抓住自己的钱，不敢大肆购买”。

5个月前，当弗朗西斯差点无法保持每月最佳销售员连胜纪录而输给弗兰克时，她并没有把弗兰克得到所有容易搞定的客户当作一种侥幸或一件好笑的事而置之不理。相反，她承认自己缺乏持久的专注力，责怪自己将与前男友的情感问题带到了工作中，并让这件事转移了她在工作中的注意力。她想出了一个解决方法，即下定决心在每次“有关前男友的想法”侵入她的工作状态时，坚定地重复对自己说：“现在就去做最有成效的事情。”

作者之见：最不该学的就是指责他人，爱找借口的人永远不会进步。和你的“为什么”相比，两者都要不得。

作者提问：你会为做的事情不顺利找借口或指责他人吗？如果曾这样做过，你觉得效果如何？这种做法帮助你实现了哪些目标？

7. 善待他人

自信、可靠的人用一种无私的态度将对自己的关注转移到帮助别人身上。如果自己不顺利时还能帮助他人，那更说明你是个自信、可靠且无私的人。你这样做很容易被他人接纳，在帮助他人时，自己也会感觉更好。

当一切都按照你的计划进行时，对别人慷慨大度是一件轻而易举的事情，但真正考验品质、态度和心理坚韧程度的是：即使自己处于崩溃边缘，也能赞美、鼓励、表扬他人或为他人感到高兴。这种能力是更高级别的优雅、成熟、积极和坚韧。

要做到给大多数人带来激励和帮助真的很简单，而且不需要花费太多时间：

- 对某人微笑并与之进行眼神交流，尤其是那些容易被忽视或被边缘化的人。
- 给予他人真诚、具体的赞美。
- 在交谈过程中积极倾听，在不打断他人发言的前提下让他们大显身手，为他们补充想说的话并用肯定的语气附和他们的言论。
- 只是倾听，而不是试图为他们解决所有问题。
- 快速原谅无意冒犯你的人。
- 不以得到利益为前提为他人提供帮助。
- 在不期望回报的前提下帮他们分析工作方法有没有问题。
- 用温暖的话语鼓励正经历困难的人。
- 在不被要求、欺骗、威胁或贿赂的情况下主动提供帮助。
- 与他人分享你的功劳。
- 表扬他人。
- 承担更多的责任。

- 与犯错的人感同身受。
- 为给你提供服务的人写善意的便条，包括餐厅员工、乘务员、酒店管家等。
- 维护不在场的人。
- 尽管寡不敌众，但仍力挺某人。
- 选择保持沉默，而不是吹毛求疵。
- 将感激表达出来。

作者之见：任何一个人如果真诚地帮助旁人，必然也同时帮助了自己，这乃是人生当中最好的一种补偿。

——拉尔夫·沃尔多·爱默生（Ralph Waldo Emerson）

作者提问：在一天之中，你是否有意识地帮助他人？

融合积极与乐观，铸造抵御挫败感的盾牌

积极与乐观是两种不同的心理特征。心理坚韧的人能控制自己的态度，并将积极与乐观融为一体。

积极指在一天中进行有成效的思考，使用具有建设性的语言并高效地行动，与他人寻找一种共同强大的方法，无论周围发生了什么，都专注于有价值的东西。

乐观指对未来有信心。有些人上一秒还很乐观，下一秒就开始忧心接下来会发生什么。他们常说：“让我们充分利用今天吧，因为谁知道下个月有没有生意。”而有的人则与此相反。这些人虽然在当前的情况下度过一天又一天，一周又一周，日子还是一样糟糕，但他们相信未来情况一定会变好。他们常说：“今天真的很糟糕，

但明天会更好！”有意识的心态回避了两种特质中“非此即彼”的方面，把积极和乐观融合在一起，使其两者兼有之。事实上，积极和乐观是紧密相连的，今天的积极、高效让我们有底气对未来保持合理的乐观。然而，那些思想或行动不积极、无效率、不务实的人，对美好的未来丝毫没有乐观的感觉。该做的事情没有做，怎么可能保持乐观呢？充其量只是他们一厢情愿的想象。

作者之见：你今天的所思所想决定了你是否对明天持合理的乐观态度。

有意识地建立自己的心态，其好处几乎是无穷的。做到以上7个关键点，你会持续地增强心理韧性和好胜心，能力也会随之展现！

“制胜”行动指南

在下周的晨起常规思考时间中，回顾这7个方面，以增强你的意识，增加每天的机会。

獾男篮逆境事件之五

2019 年 11 月 25 日—12 月 11 日：5 局输掉 4 局

刚开始时，尽管球员能力不足导致球队很难进入状态，而且米卡•波特被禁赛的消息令人十分失望，但队员们并未因此泄气，还是加倍努力，而球队也找到了节奏，逐渐步入正轨。

在这段艰难的时间里，獾队的队员们努力寻找自己在球队中的位置。过去他们常常在比赛期间发生争执，让机会在最后几分钟溜走。獾队在前一年失去了资深明星球员伊森•哈普（Ethan Happ），所以队员们有时看起来很失落。球队缺少什么？谁会在比赛中挺身而出？怎么才能团结起来完成比赛？没有准确的答案，大家都意识到球队陷入了困境。在 12 月 11 日输给罗格斯队后，加尔德教练向队员们的坚韧和耐力发起了挑战，该队曾凭此特点为人所知并赢得了荣誉，但到了这个时候，坚韧和耐力似乎都已不见了踪影。

我的“制胜”笔记

- 摆脱困境的第一步是什么？
- 你是否知道是什么让你在一开始就陷入困境？
- 你做事是否经常虎头蛇尾？你能用什么不可抗拒的理由来说服自己完成任务？
- 你在生活的哪些方面缺乏心理韧性？你如何改变这一点？

第六章

竞争力：建立个人优势，用“长板”开创崭新局面

明确优势与定位，超越昨天的自己

请考虑一下“竞争”的定义：我们努力击败和自己有相同目标的人，建立优势，赢得某种东西。而以有意识的心态为背景的“竞争”指我们与以前的自己在长达一生的日常挑战中进行竞争，以提升 ACCREDITED 理念中所提到的竞争力。凭借竞争力可以不断提高我们的心理韧性和好胜心水平，以便我们有能力实现多方面的、强烈的“为什么”目标。因此，我们将在下文中重新调整“竞争”的定义：

努力赢得一些东西：目标是有意识地培养成功者必备的要素来战胜以前的自己（昨天、上周、6 个月前、60 年前的我们），这对培养心理韧性和好胜心至关重要。

击败同类人并建立优势：我们希望与自己竞争（比与他人竞争更激烈），以提升为目的，向过去的自己发出挑战，这种竞争对我们战胜自满情绪、产生有利的不适感至关重要，这些不适感使我们作为人类有权利实现想要的一切。

对于喜欢竞争的人来说，与自己竞争的情况比与他人竞争还要多，这种想法似乎听起来很反常，毕竟胜利通常被认为是一方战胜另一方的结果。如果个人没有进步，超越别人就是一种没有价值的胜利，打败他们也只能说明他们比你差。当然，这仍然是一场“胜利”。但现实是，你可以用这种方式获胜，却仍然免不了走下坡路。对自己的能力感到自满，就永远不去解决退步这个问题，因为你不知道它的存在。别人如何准备，如何利用自己的才能，多么努力地工作，或者工作完成得多么好，你无法控制，但你有权控制自己的努力和结果，这就是为什么你要与自己竞争。

当你的重心是与自己竞争时，你会不断提高自己的标准，这样即使没有达到个人目标，也会刷新别人对你的期望。

作者之见：当你伸手摘星，即使徒劳无功，亦不至一手污泥。

——利奥·伯内特（Leo Burnett）

7 个关键构建多维度竞争力

1. 态度比昨天更好

如果你错过了上一章中的提示，我就不再重复细说了，大概情况是：当你看到一个主题（如态度）反复出现在全书的多个地方时，这是值得注意的，因为额外强调就突出了它对培养心理韧性和好胜心的重要性。

此处的目标是每一天都能比前一天更好地处理问题，就像处理与上一章中有关态度的 7 个问题一样。我们快速回顾一下这几个方面：

- 总能对负面的事件做出积极的回应。
- 不容易生气。
- 能发表积极乐观的言论。
- 把注意力集中在能控制的事情上。

- 在压力下仍能保持优雅。
- 不会指责别人或为自己找借口。
- 善待别人。

读完本书，在一天快要结束的时候，针对 ACCREDITED 理念中的某一个要素的 7 个方面，在《我的人生逆袭日记》（附录）上评估自己的表现，并给自己打分，这将有助于让你更清楚地意识到必须在哪些方面与过去的行为表现有所不同，以获得成长。例如，周一当你在人生逆袭日记上给竞争力方面的态度进行评分时，你意识到为开会迟到找了借口，而不是承认自己记错了时间，那么你可以在周二纠正这种行为，改掉爱找借口的毛病，拥有更大的决心为自己的行为负责，以此超过周一的分数。

作者之见：态度永远是藏不住的秘密。

作者提问：昨天的态度如何？今天是否有意改善？

2. 习惯比昨天更好

习惯指我们经常重复的行为，指无意识地、不假思索地去做的事情。我们的习惯对自己有利还是有害得视具体情况而定。建立一种有意识的心态，既要培养自律，做更多正确的事情，也要培养自我控制能力，避免做没有意义的事情，而且培养这些能力或行为要尽心尽力、时间要够长，以帮助我们在养成好习惯的同时改掉坏习惯。

我们将在第十章中更深入地探讨自律和习惯，现在我们要知道，与昨日的习惯相比，要做到以下方面：加强锻炼或养成更好的饮食习惯，改善心态和个人成长习惯，更有效地利用通勤时间或在家休息的时间，等等。当然，你会发现在包括习惯在内的许多方面取得了进步，有可能是因为你降低了标准。例如，就习惯而言，今天比昨天更好的原因是你减少了无效工作时间、少看了半小时电视节目、不说脏话或少喝酒。

作者之见：习惯是培养出来的，而不是天生的。

作者提问：哪一个没有成效的习惯长久地阻碍着你？你今天做了什么计划来有意识地改变这个习惯？

3. 注意力比昨天更集中

生活中的任何事情一旦被我们关注，就会被放大，这些事情包括：问题或解决方案，我们能控制或不能控制的事情，提升或打击我们的人，对我们有益或只是让我们疲惫的活动，等等。我们有责任做出正确的选择，它们有助于我们更容易地实现“为什么”目标，这就是为什么我们必须始终如一地关注最重要的人和事。每天早晨上班之前，你要有意识地调整心态来使注意力更清晰、更明确，这对于最大限度地利用每天的时间和机会至关重要。

作者之见：问题不在于你是否专注，因为每个人都有专注的事情，重点是你要认识到每天关注的事情对实现目标的影响。

作者提问：什么事情总是频繁打断你，使你无法做到最高效的专注？怎样才能把这种打断你注意力的影响最小化或彻底消除掉？

4. 比昨天更自律

自律有助于习惯的养成，因此，越自律，习惯就越好。如果没有自控能力，就不可能做到自律，即使暂时做到了，对于更加美好的未来而言也只是昙花一现。“为什么”的力量将极大地影响自律，因为一旦锁定了生活中最重要的事情，就更容易控制自己，对那些阻碍说“不”。但要做到是很难的，除非把注意力集中在一个明确又强烈的“为什么”上，否则你很容易随波逐流，做表面功夫，错把行动当成就。

先谈未来，再谈感受

亚历克斯作为销售经理开会总是很准时，所以每天早上 8 点整，团队成员就已经在培训室里准备就绪。

亚历克斯以一个问题开始了会议，“我们要求每天最少打多少个销售电话？”

弗雷德认为这可能是他在接下来的 1 个小时内唯一能回答对的问题，于是他抓住机会，精确地回答：“10 个！”

亚历克斯笑着说：“弗雷德，你确实答对了，我之所以这么问，是因为你很少打 10 个电话。这是为什么？”

弗雷德向四周看了看，当着众人的面被点名，他惊呆了，马上后悔自己刚刚回答了那个问题。

亚历克斯追问道：“这是否是因为打销售电话要看你的心情？或者你觉得给一些客户打电话就是浪费时间，因为你已经确定他们不会从你这里买东西？还是由于你和客户的沟通并不愉快，他们很强势、不友好，或者看起来不够资格，而且在内心深处，你不想再见到他们了？”

弗雷德一动不动地坐着。亚历克斯提到的每一个情况都是真实的。他想：“亚历克斯会读心术吗？”弗雷德现在最需要的是一个卷饼和一罐红牛。当亚历克斯把注意力转向弗兰克时，弗雷德松了一口气，心想：“伙计，我再也不会抢答了！”

“弗兰克，你每天打多少电话？”亚历克斯问道。

“从不少于 10 个，经理。”

“有打更多电话的时候吗？”亚历克斯继续问道。

弗兰克回答：“我觉得有，但目标是 10 个，对吧？”

“10 个销售电话是我们要求的最低数量，这是底线。如果你有额外的时间，打更多电话会帮助你卖出更多产品吗？”亚历克斯又问。

弗兰克很生气，他说：“等一下，我想搞清楚，你是在因为我完成了任务而指责我吗？亚历克斯，拨打 10 个电话是我的任务。”弗兰克向弗雷德点点头，继续说道，“显然，我比某些人做得更好。顺便说一句，亚历克斯，管理层既然把拨打 10 个电话作为标准，那么团队里有人完不成，什么惩罚都没有吗？现在这个房间里就有人完不成。”

与此同时，早餐车过来了，弗雷德想再吃一个百吉圈面包，他从人群里退出来朝培训室的后面走去，一边忍住笑一边环顾四周，试图与其他人进行眼神交流，以便稍后能与他们谈论这出“正在上演的大戏”。现在轮到亚历克斯尴尬了，因为弗兰克是对的，不打这 10 个电话也不会有任何代价。亚历克斯觉得弗雷德这个人很不错，他喜欢这个家伙，希望他能在公司混下去，所以对他手下留情。回想起来，也许这不是最好的策略，因为弗雷德的表现一成不变。于是亚历克斯回避了弗兰克的问题，将注意力转移到弗朗西斯身上，问："弗朗西斯，你每天打多少电话？"

"我把能打的电话都打了，有时候是15个，有时候是20个，偶尔会更多，我总是努力超越前一天的拨打电话的数量。"

"为什么要自找麻烦，弗朗西斯？弗兰克就不会这样做。"亚历克斯说道。

"对我来说，10个是公司的标准，这几乎没什么压力。因为比起公司给我定的标准，我给自己定得更高，那就是尽我所能，努力向前。"

亚历克斯问："你不打电话的时间都在做什么？"

"有时候我不想打电话，但我知道打电话对销售工作来说是有用的，是提高销售业绩的有效方法，所以每当我不想打电话的时候，就会去想什么更重要，我当下的感受还是我的未来？我的底线是：不管我的感受如何，如果不能尽自己最大的努力做事情，那对我来说太荒唐了。在我的能力范围内能做更多的事情而我却没做，就像是我从我的家人、队友和公司偷东西一样让我羞愧万分。"

房间里的其他销售人员直视前方，他们感觉自己的意识和行为已被定罪并受到谴责，只有亚历克斯欣喜若狂，因为弗朗西斯和其他销售人员是同龄人。比起他这个经理，弗朗西斯的话更能引人深思、引起共鸣。说完，弗朗西斯丢下了话筒，代表着她已发言完毕，为了不把气氛搞砸，亚历克斯结束了会议。他说："今天就到这里，去打电话吧。"

作者之见：有人偷奸耍滑，碌碌无为；有人按部就班，平淡无奇；而有人却脚踏实地，埋头苦干，不知疲倦。

采取行动之后再去感受，而不要让感受左右你的行动。如果凭感觉办事，就会仅仅因为不喜欢而不行动，从而危及未来。你应该先考虑未来，再谈感受。就算心里什么都不想做，但你还是做了对未来有帮助的事情时，你的感受也会随之更好。

作者之见：自律是为了得到最想要的东西而放弃现有的东西。

作者提问：哪些事你今天不想做但最后还是做了，而且特别有成效？你完成任务时，感觉是不是更好了？

5. 学识日益增长

成长不是自动的，你必须主动寻找并应用新的知识。一件事情或机遇突然出现，可能会打断你现在已有的生活，但这种改变会使你有所提升。

如果你正在听播客、阅读合适的书籍、参加线上课程、从经历中吸取教训、寻求反馈、向朋友和同事请教等等，你就是在扩大知识储备，让自己更有价值，这就是通过自我增值以实现你的“为什么”中所描述的重要理想。

作者之见：智力投资并非难事，重要的是知道什么是你必须学习的东西，什么是你必须抛弃的东西。

作者提问：你在学习中变得懒惰了吗？你今天能做什么有用的事情去改变懒惰的状态？

6. 动力、精力比昨天更足

通常，你强烈又明确的“为什么”足以迫使你每天保持足够的动力和精力，但事实却并非如此，因为你已经忘记了它的存在。俗话说，眼不见心不烦。你关注的和担忧的一些无法控制的事情分散了你的注意力，你的“为什么”失去了色彩，你需要重新审视它、定义它，让它重新变得既明确又强烈。

当你的“为什么”足够明确、足够强烈时，就不需要外部激励来推动你。从别人那里得到的任何肯定都是美好的，但这并不是必要的，因为激情之火是由内而外燃烧起来的，而不是由外到内。

有时，你会觉得你的动力和精力已经耗尽，然而停在高水平并不完全是坏事，与昨天的水平相比你仍有提升的可能。这些提升也许是少接触媒体、获得更高质量的睡眠、更合理的饮食、更多的锻炼、减少饮酒次数，或者减少接触糟糕的人和事，因为它们会减弱或耗尽那些本可以让你更进一步的动力和精力。

作者之见：激发并增强动力；补充并投入精力。

作者提问：你是否很难迅速开始做一件事或者顺利完成一件事？你打算如何提升这两个方面？

7. 比昨天更有成就

虽然通过结果来判断一天、一个星期、一个月、一局游戏或一场比赛成功与否是顺理成章的事情，但衡量成就大小比计算得分多少更重要。当天做你该做的事情是为了实现预设的目标，因此，在一天快要结束时，评估一个人在当天的成就也必须考虑这些事情，这可能会影响你对这一天的判断。例如，你过去几周一直在做的事情共同造就了一个出色的结果，但事实上，你在出结果的当天并没有做什么有成效的事情，你一定会认为自己那天的表现很出色吗？也许不是。

另一方面，有的时候，你可能会在一天中花费更长的时间、用更好的方法去进行对未来有影响力的活动，但是，那一天却没收到什么成效，你会把这一天记为失败的一天吗？当然不会。

因此，当你在对工作或学习中所获得的成就进行评分时，作为团队成员、学生等，你应该权衡对未来有影响力的活动的进行情况和成就本身。每一天都是从过去的努力中收获果实的一天，也是为未来的结果播下种子的一天。最坏的情况可能是：过去的努力没有让现在的你取得任何实际成果，同时又无法或不愿做一些更有影响、更有意义的事情去改变未来的局面。

作者之见：生活就像务农一样，并不是每个季节都有收获。耕地、播种、除草、浇水、打药这些劳作活动加起来可以创造丰收。但是，如果没有播种，等时间到了却去地里要求收成是愚蠢和徒劳的。

作者提问：你是否有意识地努力平衡这种艺术？——在今天收获的同时为未来的成就埋下种子。

每天一个挑战，快速翻新大脑

如果你建立一种有意识的心态，每天都去挑战，在至关重要的领域比前一天做得更好，那么每一天都会变得更加令人兴奋、更有意义、更富有挑战性、更让人充满热情与活力。日复一日地这样做，就像参加一场比赛，你在比赛中与昨天创造的分数竞争。你知道你并不总是会赢，但战斗很刺激，今天比昨天做得更好，这着实令人振奋。带着一种有意识的心态做事，你不再是当一天和尚撞一天钟，而是为了从中受益、建立你需要的心理韧性和好胜心，将你最强烈的“为什么”转变为激动人心、令人满意的现实。

“制胜”行动指南

回顾你写下来的“为什么”并坦诚回答以下问题：

- 它是否足够吸引我，让我想要与自己竞争，并每天在这些方面提高自己？
- 它是否真的足够强烈，让我别无选择，只能服从于自己的感受，采取行动建设更美好的未来？
- 它是否真的足够有吸引力，以至于让我渴望走出舒适区，走入不舒适的生活？因为我知道只有当我更多地改变自己，我才能获得更多、能力更强、成就更大。

如果哪怕有一点点不确定是否该用一个响亮的“是”去回答以上所有问题，那么你就必须花时间重新评估你的生活，以便让这些方面变得更加明确和突出：你想成为谁？想得到什么？实现什么？想帮助谁或影响谁？想留下什么财富？

獾男篮逆境事件之六

2020 年 1 月 8 日：70 比 71，獾队主场失利

在 12 月中旬输掉了 5 场比赛中的 4 场之后，獾队期待着在 1 月初主场迎战伊利诺伊州立大学队。

比赛一开始，獾队以 7 分的优势领先伊利诺伊州立大学队，但随着时间的推移，獾队再次失去了对比赛的控制，即使在主场也无法击败对手。在之前的几场比赛中取得进展后，他们退步了，又回到了早期赛季的老路。

我的“制胜”笔记

- 无论是在道德、技能、人际关系、态度还是其他方面，你一生中最容易重复犯的错误是什么？如何才能不再重复出现那些不良的心态或行为？
- 在本可以获胜的领域中失利时，你如何应对？怎样才能让你的反应更高效，降低以同样的方式失去机会的概率？
- 你在哪些方面最缺乏耐性，是心态、健康、工作、精神、人际关系或其他方面？你可以使用什么策略来提高在这些方面的耐性？

第七章

品德：道德坚若磐石，
才能在困境旋涡中屹立不倒

诚信可靠，让自己人格“增值”

品德可以定义为构成人的个性和行为的道德特征。品德的形成在我们的一生中受到很多因素的影响，尤其是价值观和信仰体系。在成长的过程中，当我们做出基于价值观和信仰的决定、接受或修正价值观和信仰、忽视或抛弃曾经拥有的价值观和信仰时，我们要么建立起新的价值观和信仰，要么削弱原有的价值观和信仰。

作者之见：良好的品德能保护并帮助你充分利用天赋、技能、知识和经验等。即使生活充满困难或你变得不顺心，它能确保你在正确的动机下准确运用所拥有的能力。

做事高标准，让成功率飙升

弗雷德认为该为业绩负责的不是他自己，业绩不理想时，他很容易责怪客观条件和其他人。这是他的品德中存在的一个问题。

弗兰克有时会拖延，而且很容易忽视能提高自身表现的有效反馈，因为他比一般人更出色，所以他几乎不再学习。这些都是他可以改变的品德中存在的问题，但除了他自己没人能帮他。

弗朗西斯通常会以超出要求的高标准做事情，经常主动帮助艰难前行的队友。她不是生下来就这样，她在成长过程中逐步确立了自己的标准和价值观，因为她知道不这样做麻烦会更多。这些品德优势是弗朗西斯绩效稳定的重要原因，她连续 15 个月蝉联销售榜冠军正是由这一点决定的。

作者之见：你可以尝试去干预另一个人的品德选择，但不能改变它。你能改变的只有自己，而且可以立即做出改变。那么，就从现在开始吧。

培养优秀品德，强化心理韧性

尽管有一个明确而强烈的“为什么”很重要，但这并不保证你能保持优秀的品德。事实上，你甚至可能因此误入歧途。你如此强烈地渴望实现你的目标，以至于为此做出了不道德的行为，并试图用结果证明你的手段的合理性。

你的品德在你成长到足够大的时候就已经形成了，它让你理智地进行思考和分析。通过建立一种有意识的心态，你可以有效地完善你的品德，并不断改善你的生活。你需要保持一种渴望提升的精神状态并勤奋地加以练习来使你的品德更完善，重要的是你要知道品德永远不会“消失”，而是会根据你的想法和行为得到完善或变得低劣。因此，为了完善你的品格，你必须更加有意识地练习。

与 ACCREDITED 理念中的其他要素一样，品德的 7 个关键方面对建立有意识的心态有很大的影响，这种心态不仅能激发你的好胜心和心理韧性，还能帮助你避免做出会导致自我毁灭的无意义又没有效率的决定和行为。

7 个关键培养“胜人”品德

1. 言行诚实

人们普遍认为诚实就是讲真话，但这只说对了一半。诚实也包括不欺骗。对于那些还有一点良知的人来说，惯常的做法是说话半真半假，制造假象或完全隐瞒真相。虽然他们的所作所为不能使他们被归类为彻头彻尾的“骗子”，但他们的目的是让人们相信一些不真实的东西。在这样的情况下，他们试图通过不说众所周知的谎言来保护自己的良心，尽管如此，良心还是受到了谴责，因为他们在内心深处知道自己是不诚实的。

承诺的力量

弗朗西斯每天早晨都会阅读一份清单，清单上记录着她为自己创建的一系列承诺。这些承诺体现了她如何思考和行动，也有助于她设定自己的标准。每天早上，这些承诺都会使她大脑中各个方面的联系加强，使正确的思考和行为自然而然地成为她品德的一部分。“我每次都说真话，做正确的事。”这是她对顾客的承诺，而这也帮助她汇聚起一批完全信任她的客户，并成为她忠实的追随者。这句话很简单，但是它建立了一个强大的、弗朗西斯渴望每天都能做到的责任基准。

作者之见：如果良心蒙尘，心态就会畸形。

作者提问：你在哪些方面不直接撒谎而是制造假象？人们一旦发现不诚实的人，往往会暗中鄙视他们，这一点你知道吗？

2. 积极承担责任

在一个推崇追责的时代，“这不是我的错”已经成为许多人的口头禅，如果你能对自己的决定、行动、后果和生活负责，将会带来五大益处，包括：

- 可以让你从错误中学习并取得进步。
- 当其他人围绕在谦逊好学的人身边时，它会帮你建立信任并吸引人们来关注你。
- 让你的注意力和精力集中在你能控制的事情上，而不是把它们浪费在找借口上。
- 帮你赢得尊重和声誉。
- 帮你建立自我认同感和自尊。

显而易见，不承担责任会适得其反：

- 无法成长，而且会重复犯同样的错误。
- 使其他人不愿意栽培你、信任你、给你新的机会。
- 使你从事回报最低的工作：将注意力和精力投入到你没把握的事情上。
- 会导致别人不尊重你、损害你的声誉。
- 遭遇上述四点时，你自然而然地觉得自己已无可救药。

顺便说一句：承担责任不仅仅局限于大事，如果对每一件小事都能负责任，偶尔忽视一件稍微大点的事情是可以被谅解的，包括：承认自己没有条理、承认自己确实说错过话、不迁怒他人。

作者之见：人往往怕承担责任而不敢去做自己认为该做的事情。

——西奥多·罗斯福（Theodore Roosevelt）

作者提问：你最难承认的是什么？说“这是我的责任”这句话时，你有轻松和自由的感觉吗？

3. 信守承诺

当事情更容易、代价小、受欢迎或不费力的时候，你做出承诺往往是不需要经过大脑思考的。如果你拥有坚定的品德，应当承诺的是那些不容易做到、代价大、受累不讨好的事情。你承诺了，就一定会去做。以下是信守承诺的四个要点：

- 承诺的时候要谨慎，因为一旦做出了承诺，就应该遵守承诺，不找借口，不计代价。
- 不要让别人强迫你做出承诺，不要为了让他人开心而承诺一些你以后会后悔的事情。这只是另一种形式的即时满足，意志薄弱的人会把它当作缓解一时不适的手段。
- 如果出于某种原因，你无法信守承诺，那就承认吧，并向对你失望的人做出补偿。
- 如果阅读此章会让你回忆起过去未兑现的承诺，请迅速找到你予以承诺的人，并与之和解。尽管你很可能觉得他们已经忘记了这个承诺并且能够理解你，但我可以保证，他们并没有忘记，也不理解你。事实上，如果你没有兑现自己的承诺，他们很可能会对你产生怨恨，最终导致他们对你所说或所做的事情反应过激，在某些情况下还会报复。

作者之见：未被表达的情绪永远都不会消失，只是被隐藏起来了，总有一天会以更丑陋的面目涌现出来。

——西格蒙德·弗洛伊德 (Sigmund Freud)

作者提问：为了避免做出令自己以后后悔的承诺，你可以在哪些方面不那么草率？你对谁没有履行你匆忙做出的承诺？

拖沓是重点问题

如果团队中有人迟到，大多数队友都能准确地预测到那个人是谁。他们是“惯犯”，经常用“我很忙”“堵车了”“只有5分钟”“我还没准备好”作为迟到的借口，但这并不只关乎迟到那么简单。如果你习惯性地忘记准时离开，也忘记准时到达，那么迟到并不算个事。然而现在这是一个重点问题，一个关乎品德的问题，为什么？因为迟到时，你没有履行对别人的承诺，这反映了你拖沓的一面。

拖沓也被认为是一种品德缺陷，因为它显示了对他人不尊重：在工作中没有尽到自己的职责，所以别人可能会不知所措，不得不接手你留下的工作；当别人等你来参加会议或活动时，你浪费了他们宝贵的时间；等等。

为了说明这一点，我在研讨会上告诉与会者，如果要偷我的东西，我宁愿他们拿走我的钱而不是我的时间，因为我可以得到更多的钱，但不能得到更多的时间。坚持自己的道德准则，不仅意味着尊重自己的时间，也意味着尊重他人的时间。

作者之见：如果别人总是发现他们指望不上你，就很容易重新考虑他们是否需要你。

4. 在工作中全力以赴

如果弗雷德和弗兰克在“是否全力以赴地工作”方面诚实地评价自己，大多数时候他们是不合格的，但也有例外的情况，如：所剩时间还有不到 1 个月，他们还没实现公司设定的目标，以至于可能会出现十分尴尬的后果或被问责；他们没实现本月的个人收入目标，以至于需要额外的努力才能赚到足够的钱来支付账单。当以上两种情况出现时，他们也可以做到全力以赴。

这两个男人都没有把自己每天缺少努力视为一种品格缺陷，这种缺陷会让他们失业，失去家庭和未来。相反，他们认为这不重要，因为在他们所在的职场中，有很多人也这样做。

强烈的“为什么”驱使你构建一种有意识的心态，当你拥有了这种心态，就不会让自己懈怠，无论是在职场、照顾家庭、整理院子、参加体育比赛还是在其他情况下。你不会因为要付出的太多、代价太大而松懈。你几乎没有理由不努力，原因显而易见：时间有限，不容浪费。

作者之见：在工作中总是不全力以赴，你最终会让自己变得越来越失败。

作者提问：你必须在生活的哪些方面更加有意识地全力以赴？你有没有想过，拖累信赖你的人无异于从他们那里偷东西？

5. 把他人放在第一位

你不守时或不遵守承诺时，就没有将他人放在第一位。把别人的利益置于自己之上，这是一种乐于助人的精神，有助于建立自尊和自信。虽然互助不是你的驱动力，但将他人放在第一位表明你有这样一种信念：当你帮助他人、为他们服务时，那些正义和善良的行为也会在你需要帮助的时候回报你。将他人放在首位的行为看似微小却体现了你的无私精神。你可以在以下几个方面尝试将他人放在首位，例如：

- 倾听他人，理解他人。
- 通过投入时间或精力帮助他人，为他人的利益着想。
- 即使情绪低落，你也会鼓励和赞美他人。
- 与有需要的人分享知识、经验。
- 礼让他人。
- 为他人开门。
- 把选择电影的权利让给其他人。
- 排队吃饭的时候让别人优先。
- 离开酒店房间前，关闭灯光并将垃圾放入垃圾桶。

健康和有意识的心态主要集中体现在互相帮助上。事实上，很多优秀的品德都会影响他人，而以这些优秀品德为标准改善你的个人品质也会增强你对他人的影响。

作者之见：一个只为自己考虑的人注定一事无成。

——约翰·麦克斯韦尔（John Maxwell）

作者提问：你在生活中的哪些方面不自觉地自私了？那些想变得了不起的人必须做到先他人后自己，你同意这种说法吗？

6. 控制自己的言论

这是一个核心问题，包含了从你的嘴里或通过书面文字表述出的一切。事实上，管理好自己的语言与ACCREDITED理念中其他要素的内容有所重叠，但是突出了这一点的重要性，以及为什么你在这方面必须更加有意识。以下是一些需要考虑的要点：

- 成长的智慧就是知道什么事重要，什么事可以忽略。
- 不必总是做总结性发言。
- 不必总是与他人争辩。
- 不必指出每个人的错误，而应该清楚他们每个人都有自己的定位。
- 不必对看到的每个人和每件事发表评论或做出判断。
- 发表意见要看时机和场合。
- 言多必失，越是聪明的人说话越少。
- 怎么表达自己想说的话往往比说的内容更重要，因为它反映了你的态度和动机，即内心的真实状态。
- 如果不知道该说什么，最好什么都不说。
- 如果说的话没有意义，那就什么也别说。
- 说话不过脑子、脱口而出的人往往不可能发表睿智的言论，比如他们只会不假思索地抱怨、聊八卦、批评和评判别人、急于辩论和回应。
- 对挑衅或坏事的迅速回应通常只会引发冲突。

如果大多数人在一天快要结束时对他们在这天中所说的每一句话进行评估，他们很可能会得出这样的结论：只有其中很小一部分有必要、有价值的话解决了问题，使人心情愉悦。大部分是没用的话，不但浪费了精力，而且将注意力从最重要的“为什么”上转移到通常意义不大或根本没有意义的事情上。

作者之见：你仅值“两分钱”的言论可能会让你损失一大笔钱，信不信由你。

作者提问：你在说话这方面面临的最大挑战是什么？是发言的内容、方式还是时机？什么能帮助你更有意识地控制你的语言？

7. 谦逊好学

如果你夸耀自己谦虚，那就不是真谦虚。同样，如果你不谦虚或不好学，就看不到那些你需要去提升的、可以进步的领域，那么你就不可能花时间和精力去培养一种有意识的心态。你可能愿意去尝试一下，但迟早会发出“我到底在瞎忙活什么？”这样的自嘲，使你放弃曾经美好的愿望，特别是如果在这一过程中越来越成功，并且认为没有必要进一步改变任何事情时。这是一种骄傲的心态，并且最终会演变成傲慢。

用谦逊好学来对抗骄傲和傲慢，这正是在前一章中先培养竞争力的原因：它将你的注意力从与他人比较转移到与自己竞争上。

骄傲是自然产生的，而谦逊则必须人为培养，并且需要有意识地去努力。谦逊为好学打开了通道，而骄傲关上了好学之门。

以下是判断你是否谦逊好学的要点。

- 如何回应具有建设性的反馈意见？你对“正确”的意见比对使你变得更好的意见更感兴趣吗？

- 如何回应批评你的人？是立即解雇他们，还是认真考虑他们所说的话？
- 如何处理不公平的情况？你的第一反应是为了达到平衡，还是为了变得更好？
- 如何对待成功？成功会让你自以为无所不知，还是渴望得到更多成功？成功带来的荣耀会影响你、使你松懈，还是提示你利用它带来的动力进一步提升自己？
- 当事情没有按照你预想的方向发展时，你更看重本应得到的结果，还是更专注于学习如何提升管控能力？
- 渴望别人赞美你还是对夸赞避之不及？
- 热衷于帮助别人还是被别人帮助？
- 你是自己站到聚光灯下，还是相信你的品格或表现最终会让你脱颖而出？
- 总是和别人谈论自己还是更加关注他人？
- 能在倾听他人的意见时不抢话、不插嘴吗？
- 真心为他人的成功感到高兴吗？
- 竞争对手的成功让你更奋发图强还是更痛苦？你是否在心里偷偷希望他们生病？
- 你知道自己是对的时，仍然能谦逊地表达自我吗？
- 偏见是否会让你觉得自己比其他人优秀？你是否看不起或贬低那些因年迈、无权无势或者没钱而被认为地位较低的人？
- 是否尊重和友好地对待职位较低的员工？
- 认为参加培训、阅读指定的书籍、参加指定的课程或开研讨会是一种机会还是一种惩罚？

我们还可以继续举例，但上文提到的这些内容涵盖了充分且优质的要点。还需要提示一点：如果主要考虑别人在以上任何一点中是如何惨败的，那么你就完全错过了重点！

作者之见：如果想要变得更谦逊好学但不确定自己在哪些方面表现出了骄傲，那么问问那些最了解你的人，他们早就知道了。

作者提问：以上列出的16个要点中有没有让你感到不舒服的？圈出它们。你能回想一下近期发生的与16个要点有关的事情，并决定在事情再次发生前以更有效的方式处理吗？

攻坚克难的利刃，抵挡诱惑的堡垒

品德利用你的技能、知识、天赋和经验，帮助你走出不寻常的道路，这样就可以最大限度地利用这些资本。同时，品德能够保护你的技能、知识、天赋和经验免于消亡，因为良好的品德使你不图捷径、不做不利于自己的妥协，也不会让你目中无人、不理智、不受待见或自私自利。它还可以保护你，使你远离即时满足、责备他人、找借口和欺骗他人等诱惑。

说到责备他人和找借口，它们可能已经对你的品德产生了很糟糕的影响，但这并不是你可以这样做的理由。这些糟糕的影响可能已经或者正在对你产生不利影响，但正如第四章所说：最终决定你走多远、走多快的是你的决定，而不是外在条件，决定权在你手中。

作者之见：仅仅对此有清楚认知是不够的，为了成长，你必须做得更好。

找出自己的薄弱点，然后告诉自己该怎么做，找出你在自己身上发现的有关品德的 7 个关键方面的缺陷并说出有效解决方案，将这一思维过程在每天早上有意识地进行回顾。例如，如果你在履行承诺方面表现不佳，你可以这样说：“我在承诺之前应该先考虑成本，然后哪怕付出高昂的代价也要去兑现承诺。”

獾男篮逆境事件之七

2020 年 1 月 17 日：55 比 67，獾队尴尬败给密歇根州立大学篮球队

獾队在 1 月有巨大的连胜势头，尤其是在他们连续赢了两支排名前 25 的球队之后。如果他们能战胜联合会的对手——密歇根州立大学篮球队，这一势头将变得更加强劲。

在连续击败宾夕法尼亚州立大学队和马里兰大学队这两支排名前 25 的球队后，獾队又一次失败了，他们未能利用其势头继续向前冲。尽管他们迫切地希望取得顶级联赛的三连胜，以建立赛季最后 8 周所需要的节奏和信心，但他们自始至终都被对手碾压。

我的“制胜”笔记

- 当你取得进展并朝着目标前进时，却遭遇挫折后退了一大步，在这种情况下你如何保持热情和积极性？
- 成功后又遭遇失败，你是否会因为恐惧、沮丧、疲惫或缺少鼓励而停滞不前，导致事情变得更糟？下次再发生这种情况时，如何提前做出更好的选择？在这些情况下，你是否有办法让自己保持专注？

第八章

严谨：深度开发潜力，打造高质生活

过负责任的今天，才能乐观地拥抱明天

严谨指做事严密、细致、谨慎或精益求精。严谨适用于制订严密的日常生活计划，使你能够坚持不懈且出色地完成更多应该做的事情。换言之，严谨使你更加专注于最重要的事情，并寻找更好的方法来完成它们，因为你将与以前的自己竞争并提高自己的严谨性。

有意识的心态有助于你有目的地确定并执行你在日常计划中的优先事项，有意识地努力提高执行能力。很多人都有做日常计划的习惯，认为做计划不是一件很麻烦的事，但问题是：

- 你的日常计划有助于你成为什么样的人？
- 你的日常计划有助于实现你的“为什么”，还是让实现“为什么”变得更难？
- 你时隔多久会重新评估、调整和改进日常计划，以便加快进步和成长？

作者之见：我知道冠军并不是与生俱来的，当他们接受并致力于改变习惯，更积极地生活时，就可以成为冠军了。

——路易斯·豪斯（Lewis Howes）

制订严谨计划，高效管理日程

日常计划是有影响力的，广泛应用于生活的多个方面。这些方面

包括：

- 工作。
- 个人成长。
- 健身。
- 人际关系。
- 休息时间。
- 在家陪伴家人的时间。
- 精神。
- 经济（预算和储蓄）。

在本章中，严谨的目标是在这些生活中的所有关键方面制订更好的日常计划，结合本章中的行为规范，运用于你的日常生活。

作者之见：人类有计划地发展自己的潜力，新的一天从开始到结束，不是为了白白度过，而是为了有所收获。

重视时间规划，让每一天“价值翻倍”

时间不仅仅是金钱，它比金钱更有价值，因为当你可以得到更多的金钱时，你不可能得到更多的时间。如果没有有意识的心态，你就不太可能高度重视每天花在做任务上的时间或完成任务时的严谨程度，因为你不知道每天要优先处理哪些工作，也同样不清楚做哪些任务时必须保持精神高度集中。如果没有有意识的心态，可以肯定地说，一旦某一天你偏离了轨道，你就很可能停留在那里。

有了严谨的态度，你可以把每天的注意力和精力集中在最重要的事情上，同时，你还能培养自律和坚持不懈的精神。但是，除非你能充分理解“生命短暂”和“充分利用每一天”这样的陈词滥调，否则你将会过着空洞又毫无意义的日子，在身后留下的是迷茫而不是成长的痕迹。你必须重视时间、珍惜时间，认识到时间是有限的，因此要避免做浪费时间的任务，避免产生浪费时间的想法，避免和浪费时间的人打交道。毫无疑问，那些无所事事的人总想阻挡你前行！

以下就是你将要评估和学习的 7 个有关严谨在日常生活中的表现：

7 个关键培养严谨品质

1. 提前设定优先事项

如果你总是把错误的事情安排在优先事项上，“提前设定优先事项”的明智建议对你没有帮助。餐车在每天上午 10 点会路过街角，弗雷德的首要任务是每天早上第一个排队等餐车，但这对他的成长没有帮助，除非算上他的腰围。彼得•德鲁克（Peter Drucker）有给事情定优先级的简单办法，“重要的事情先做，次要的事情根本不用做”。许多人在处理事项上的问题是不会分类，他们错误地把简单的事情、困难的事情或昨天待办事项清单上剩下的事情都归类为首先要做的事情。而且在做这类事情的过程中，他们还会参加各种活动，这就导致他们不会剩下太多时间去做那些真正重要的事——最有影响力的事，以及最有助于实现他们的“为什么”的事。

严格安排日常计划的一个关键是不要再试图把你的优先事项挤进一天，而是要安排好你的优先事项，并一天都围绕着它们工作。

作者之见：优先事项不一定是有好处的事情，而是最该去做的事情。很多时候，有好处的事情会排挤最该去做的事情。

作者提问：去上班之前，你知道自己优先要完成的工作是什么吗？它们被记在你的日历上还是分散在你的脑海里？

2. 成功地执行优先事项

虽然安排优先事项是每日做到严谨必不可少和至关重要的起点，但这样做并不能保证你会出色地、坚持不懈地完成这些优先事项。这与第六章讨论的竞争力的主题相呼应，你的目标不仅是做最具影响力的事情，而且要继续找到方法，通过与以前的自己比较进而做得更好。

作者之见：有效执行优先事项不是为了做更多事情，而是为了把每天最该做的事情做好。

作者提问：你更愿意用做了多少事情来衡量一天的效率，还是看是否做了最该做的事情？

3. 日常计划比昨天更高效

如果在生活中的其他重要方面偏离了轨道，你即使可以出色地安排和执行每日优先事项，仍然不能最大限度地发挥日常计划的优势。你是否以一种激发好胜心、增强心理韧性的思维模式开始你的清晨？是否全身心地与家人或朋友在一起？还是仅仅身体与他们在一起，而精神早已飞到橄榄球比赛现场，想着你喜欢的橄榄球队中由谁担任四分卫？除了专注于优先事项外，你是否有意识地避免那些让你无法很好地完成任务的谈话、人、习惯和其他干扰因素？

活在明天与好好利用今天

如果哪天弗雷德工作效率不高，他就会为自己找借口，如“我明天可以补上”或“这个月还有很多时间”，这样做耗尽了他的精力，也为自己表现不佳找到了借口。不思进取的人往往认为这种“浪费一天也无所谓”的想法很常见，这种思想导致他们长时间原地踏步、毫无进展。

另一方面，弗朗西斯很久以前就决定，有意识地将每天低效率的 20 分钟重新调整为高效时间，这样她每年就获得了 83 小时（基于每周工作 5 天和每年工作 50 周），这相当于每年增加了 2 周的工作时间，每周约 40 小时，她连 1 小时的加班都用不着。她的下一个目标是每天再腾出 20 分钟。这里 2 分钟，那里 5 分钟，很快就增加到 20 分钟，这样她就可以更有效率地利用时间。

作者之见：就算是零碎的几分钟时间也不应该被忽略，否则你不可能将一天的时间最大化利用。

作者提问：如果将你的日常行为习惯拍摄下来，并作为培训手段出售给想获得更大成功的人，它值多少钱？怎么做才能让它物有所值、一鸣惊人？

4. 充分利用休息时间和通勤时间

休息时间和通勤时间占据了生活的很大一部分，这让你受益还是让你仅仅满足现状取决于如何利用这段时间。你在这段时间所做的事情会让你的“为什么”更容易实现吗？还是让你的“为什么”更难实现了？弗兰克改掉了每周一上班路上收听体育电台的习惯，因为他经常听到评论员诋毁他最喜欢的球队或球员，然后带着一肚子气到上班的地方。事实上，他对着收音机大喊大叫只会浪费精力，使他的注意力更不能集中。对于那些在生活中很少有目标的人来说，上网冲浪、不停地换频道看电视剧、晚上熬夜早上睡懒觉是很常见的，他们本可以用这些时间来阅读、建立人际关系、与家人交谈、做计划、思考、学习、锻炼、请教他人、恢复活力、休养精神或身体等。

在休息时间更加有目的、更严谨地去做一些重要事情是一种意识，而不能只专注于无成效的事。这不是要求你把生活中的每一刻都提前安排好，而是懂得如何利用或大或小的碎片时间，把那些不是太理想的事情换成更有成效的事情，从而让这些时间为你服务，而不是对你不利。

弗兰克减轻了痛苦

弗兰克讨厌看牙医，但他从弗朗西斯那里得到了一个建议，使他看牙医的时候不那么痛苦了。他并没有在候诊室里看恐怖的 CNN 世界新闻来进一步加剧已有的紧张感，而是在金属钻到他嘴里之前，回顾了在手机的应用程序中记录的目标，把毫无成效的非工作时间转化为简短而有效的自我激励时间。他在等待登机或排队的时候也会做同样的事情。

弗兰克永远不会向弗朗西斯承认，他在每星期晨间通勤的20分钟时间里听一次励志播客，这是他听弗朗西斯提过的。虽然其他四次通勤他仍然会选择听新闻，但他注意到，如果不听励志内容，在一开始工作时会很难集中注意力。他也时常发现，在与团队其他成员讨论他听到的内容时，周围的每个人都暂时降低了效率。

作者之见：你虽然不可能得到更多的时间，但可以用已经拥有的时间做更有成效、更积极的事情。

作者提问：你每周在上下班路上花多少时间休闲？每天晚上看多少小时的电视？你愿意让出多少休闲娱乐的时间去参与那些能帮助你实现目标的活动？

5. 计划预留出时间来提升自己

生活不会无缘无故地变好，学习也如生活中许多值得做的事情一样，不能靠运气，必须再次从偶然为之转向有意为之。这意味着你在制订日常计划时，每日优先事项之一就是为自己留出时间，而在这部分时间里选择如何提高或提高哪些方面取决于自己。如果想培养好胜心和心理韧性，并稳步缩小现状和渴望达到的高度之间的差距，那么你应该每天为自己制订计划、留出时间，这毫无疑问。

弗朗西斯过去常常认为，以良好的态度参加培训并将培训内容应用到实践中，可以证明自己有最佳的学习能力。但她后来发现，在会议间隙挤出时间来提升自己，她逐渐到了一个完全不同的水平。

作者之见：你要有意识地变得出色，必须像对待工作那样严格要求自己。

作者提问：你是否每月都有意识地提高某项技能，改变不好的习惯或态度？如果有，上一次提升标准是在什么时候？如果没有，你相信有意识的成长可能会使你获得成功的速度成倍地增加吗？

6. 花时间帮助他人增加价值

如果你的“为什么”的外部范畴包括帮助他人或为他人增加价值——这是应该的，那你就要更有意识地朝着目标前进，每天留出时间来实现这一点，纵然只是很小的程度也是必要的。你花时间和某些人在一起并不意味着你和他们一起增加了价值；相反，你可能在不知不觉中降低了价值，而他们也比你一开始遇到时更糟糕。事实上，这都取决于你如何利用时间，有目的地去做一件事才能产生最好的影响，如花时间鼓励、帮助、倾听和指导他人。你可能会发现，每天为他人增加价值会产生互惠效应，因为受你影响的人也会反过来提升你，让你变得更有价值。

作者之见：当一支蜡烛照亮另一支蜡烛时，它并没有减弱自己的光，而是变得更亮。

作者提问：如果你设定了一个目标，每天通过指导性或鼓励性的短信、对话、电子邮件对他人进行辅导或答疑，你有意识的行动至少影响了 3 个人，这会产生什么效果？

7. 更关心重要的活动而不是结果

虽然乍一看这一点似乎与第一点（提前设定优先事项）重复了，但实际上它从三个方面进行了扩展。

首先，重要的活动并不严格局限于你为了工作安排的少数优先事项，而是包括其他延伸到生活中的重要行动：

- 主动向配偶道歉，即使期望的结果——婚姻完全恢复和谐——在未来一段时间内可能还不明显。
- 在严格控制饮食 10 天后，却发现自己的体重增长了 1 千克，但你还是决定坚持下去，你相信只要坚持做正确的事情，想要的结果就会自动出现。
- 你虽然还没有看到参加的线上课程与实际成果之间有任何直接联系，但仍坚持学习，知道自己正在巩固基础知识，未来会有巨大的回报。

作者之见：比赛时不要只看记分牌，坚持和努力决定最后的输赢。

其次，这方面着重讨论你的第二和第三档任务以及计划的优先级。这些可能不是优先要完成的事情，也不是最重要的事情，但仍然是你每天必须出色且持之以恒进行的高回报率事项，以重新促使你进步和成长。

最后，这方面强调按照结果评估一天是否成功不是最合理的，你应该根据在严谨的日常生活中参与的重要活动的频率来衡量一天成功与否，这些活动最能说明你所创造的结果是否正确。

收获与播种

弗雷德认为没做成一笔买卖的一天是不成功的。从这个角度来看，他失意的日子远远多于有收获的日子。然而，弗朗西斯评估一天的标准为她是否成功地完成了某个重要事项，那是最有可能创造未来销售成果的关键行动。她知道，当天的销售成果并不是她那一天所做的事情的结果，很多都是因为她在几天前或几周前给客户打了电话。即使她当天有几笔销售记录，但如果没有做促成未来销售成果的事情，她也会严厉地评判这一天，因为她的销售渠道在一定程度上变窄了。另一方面，她认为参与对未来销售成果最有影响力的活动才是巨大的成功，即使那天没有销售成功。她明白持续地执行某一件事所带来的结果，并对这一行为深信不疑，她明白它会带来长期的销售机会，而不是立竿见影的销售成果。基于此，罗伯特·路易斯·史蒂文森（Robert Louis Stevenson）曾说："不要以收获什么来评价每一天，而是要看你播下了什么种子。"

作者之见：如果正确的行为确实产生了效果，那么你必须更加专注于正确的日常行为，而不是结果本身。当你在比赛中执行正确的计划，计分板自然会显示你应得的分数。

作者提问：你觉得重新评估所谓的"有收获的一天"有没有意义？你是否发现一些有好结果的日子与你当天实际做了什么几乎没有关系？有时候，你做了该做的事情，但是好结果却没有立竿见影地显示出来，它可能过了一段时间才出现。应对那些看起来没有什么收获的日子感到满足，你觉得这有没有道理？你有意识地从事严谨的日常活动，并执行必要的行动，最终是否会带来收获，实现你的目标？

5 个好习惯塑造严谨人生

正如 ACCREDITED 理念中的其他要素一样，严谨可以培养，也可以提升。你有好胜心才能欣然接受周密安排，严格执行每日计划，每天尽全力按事先安排好的优先顺序做事情。它还要求你有坚韧的内心，当你某天遇到困难或者偏离轨道时，坚韧的内心可以让你保持顽强的精神，使你快速恢复状态，无论如何都坚持完成当天的任务。我们暂时回到最基本的问题，讨论这 5 个关键点，它们将确保你的好胜心和心理韧性继续增长，这样就可以投入更严谨的日常计划。

让你的“为什么”明确有力。当遇到困难、挫折或失败时，你需要每天都有理由去拼尽全力，坚持下去。

养成晨间思维习惯。早晨的思维习惯必须是有效且持续的，因为它将帮助你专注于优先事项，使你避免或减少分心的干扰。

做好准备，用学识武装自己。你需要知识、培训和技能来很好地执行你的优先事项，只知道自己的优先事项却不能出色地完成它们对你来说没什么好处。

对自己负责。你因没能完成最重要的事情就为自己找借口或责怪其他人和事，这是对自己的一种虚假仁慈。虽然这样做缓解了你眼前的压力，但会使你在未来长期处于劣势。

养成回顾和反思的习惯。在一天快要结束的时候，花点时间回顾一下当天，并复盘在哪里做得好，为什么能做好，以及如何能再次做好。还要注意让你分心的事情和原因，并进行调整，以便明天不会重复同样的错误。附录中的《我的人生逆袭日记》将帮助你养成这个习惯。

作者之见：浑浑噩噩的人生不值得度过。

——苏格拉底（Socrates）

“制胜”行动指南

你回想一下在工作时、运动时和学习时的各种日常行为习惯，是否能在完成优先事项后，时间仍然充足的情况下执行更多的任务、更改一些优先事项或更坚持不懈地执行这些事项，以此改进每一项日常行动?

獾男篮逆境事件之八

2020 年 1 月 24 日：51 比 70，獾队惨败

因为獾队需要恢复并重建1周前在密歇根州立大学篮球队失去的势头，所以他们把注意力集中在如何击败联赛竞争对手普渡大学队上。

这是獾队在短时间内第二次遭到联赛对手的重创。普渡大学队在赛场上的表现很抢眼，獾队无法跟上节奏。在本赛季只剩下6周的时候，他们想借击败普渡大学队而获得一点动力的希望再次破灭。

我的“制胜”笔记

当情况对你不利时，你是否在试图渡过难关时变得过于被动？如何用能做的决定或能采取的行动改变你的态度，欣然接受在困境中战斗并扭转不利局面？

第九章

努力：努力成就睿智，睿智推动努力

正中靶心的关键：力量与瞄准能力

人们喜欢根据工作的时长来评价自己和其他人的职业修养，而非是否在工作时间做了最有效率的事情。我们发现这一原则不仅适用于职场，还适用于其他场合，如健身房、教室等等。越努力、越睿智意味着出色地做该做的事情并不断地寻找改进它们的方法。越睿智、越努力是指把全部注意力和精力集中在那些影响力大的活动上，而不是虽然能做好，但却三心二意、敷衍了事。

例如，在职场中，如果没有更睿智、更努力地工作，结果往往是你必须花费更长时间来完成那些本该在工作时间内做的事。很显然，如果更努力、更睿智地去做，你就可以用更短时间完成它们。虽然有时必须投入额外的时间来完成特定的目标或任务，但在职场中，将个人的时间和精力的价值最大化才是根本目标。这样一来，你可以减少在任务上花费的额外时间，将这些时间用于追求生活的其他方面——家庭、健身、人际关系、精神、社交等等，同时还能引导你的好胜心和心理韧性来完成你的“为什么”。

作者之见：你越努力，有意识的心态就会让你越睿智。

除了时间，还需要投入什么

艾米是弗朗西斯的女儿，患有先天性疾病，她是弗朗西斯的“为什么”中最关键的因素。对弗朗西斯来说，她既想多一些时间陪伴艾米，又想跟艾米在一起做其他更有意义的事情——这两者她同样重视。为了实现这一目标，弗朗西斯必须充分利用工作时间，这样就不必加班或请假来实现她对艾米的陪伴。她必须每天严谨地工作，在设定优先事项的前提下表现出一种努力和睿智互相促进的职业修养。为此，她进入工作状态时已经安排好了优先事项，并精心计划了她的一天。

在开始工作之前，她都会回顾自己的计划，这是她晨间思维习惯的一部分。这种程度的专注让她避免以一种随意的态度开始新的一天。通过回顾计划，她意识到每天必须完成的活动是多么重要，同样，她能够在内心确认手头的重要任务，尽管有时她也会无法自控地失望或分心。如果有偏离轨道的行为，她能很快识别出来并自我纠正，回归正确的方向。

弗兰克认为自己是个思维敏捷、善于创新和临时发挥的人，正因为如此，让他感到自豪的是，在没有具体计划的情况下，他依然能比大多数同事完成更多的任务，这出于他的本能——充分利用每天发生在自己身上的一切。但他没有意识到的是，他的成功并非因为努力和睿智相互促进，他也的确没有这样做过。

随着时间一天天过去，即使弗雷德的实际销售数量远远落后于他的销售任务，他也不会用加班来弥补销量不足。他喜欢说：“我想要的生活不仅仅包含工作。”因为他没有一个“为什么”来迫使他做事情，否则他绝不是这种状态。他既不努力，也不睿智，更不想在工作上花太多功夫，他那少得可怜的业绩就说明了这一点。弗雷德犯了许多人爱犯的错误，把“拥有生活”和平庸存在混为一谈，因为在生活的其他方面，他也像在工作中一样缺乏意识性，导致他经常在身体、人际关系、心理和精神上处于不佳的状态。

作者之见：不论干什么都要用心去做，对于当下最重要的人和事更应该如此。

7个关键实现事半功倍

1. 在工作中尽力而为

这一方面与你的职业尤其有关，日复一日，在工作中尽你所能。对这方面进行评估时，关注以下几点：

- 花了多少不必要的时间在无聊的、与工作无关的谈话上？包括谈论政治、体育、世界大事等。
- 在工作时间花了多少不必要的时间吃东西（到公司打卡，然后坐下来吃早餐是很常见的，这是非工作时间。在工作前或在午餐和休息时间吃东西，但不要在工作时间吃，因为工作的目标是更努力、更睿智地工作，而不是经常吃东西！）？
- 在工作中处理了多少与工作无关的私人事务（包括打电话、发短信、发邮件、查看股票投资、浏览社交媒体、浏览与工作无关的网站等）？

不紧不慢与奋力疾驰

团队成员清楚地记得，在几个月前的一次会议上，销售经理艾历克斯试图使弗莱德、弗兰克、弗朗西斯和他们的7个队友团结起来，在工作中全力以赴、毫无保留以完成这个月的任务，并超越他们的目标。

“公司不是花钱让任何人每天来这里占着位置调整节奏、省着力气干活的。”艾历克斯说，“每个人每天都应该加快步伐，倾力而为。”

在勉强接受了亚历克斯让他更努力的呼吁后，弗雷德确信这些话至少有一部分是针对他的，他抵触地回答说：“我觉得不对。我确实会调整自己的节奏，我不后悔，因为我做好了长期打算，我不想筋疲力尽。”

亚历克斯惊讶地看着弗雷德，然后歪着头说：“弗雷德，你从来没全力以赴，怎么可能会筋疲力尽呢？”

弗雷德坐在那里，无言以对。亚历克斯继续说道：“我向你保证，你不会筋疲力尽的。过去几年你没掌握好节奏。不如向别人学一点，看看这会给你带来什么好处。”

作者之见：如果在本应工作的时间没有工作，那么你需要占用额外的时间来完成这些工作；如果一开始就充分利用工作时间的话，这些工作本来早就能够完成。

作者提问：你能做些什么来让你的“为什么”变得有意义，以至于不会让自己选择不工作？

2. 执行最重要的任务

如前一章所述，有效的行动不仅是做很多事情，还有做该做的事情。在努力改善这方面时，请记住以下问题：

- 你是三心二意还是全力以赴地完成任务？
- 你是否完成了任务，是否花了足够的时间？
- 由于你的目标是不断地与以前的自己做比较，你有没有找到一种方法来提高完成任务的能力，即使是很小的方法？
- 你的优先事项是否发生了变化，你不应该再优先考虑这件事，或者甚至根本不应该再做这件事？

作者之见：把错误的事情做得再好也不能称为进步。

作者提问：你完成最重要的任务只是为了完成它们，还是每天都出色且坚持不懈地完成它们？

3. 提高标准

你可能还记得第三章的讨论，以提高或改变你的标准作为培养心理韧性的方法。你的标准是任何日常计划的最低标准，虽然有效，但不像以前那样挑战你的能力，因为你已经掌握了它。提高标准指增加日常生活中最有成效的活动；改变标准指减少甚至完全消除没有意义的非生产性活动，或者减少花在这些活动上的时间（例如，把看电视的时间从每天 2 小时减少到 90 分钟）。在这两种情况下，都需要克服改变习惯带来的不适感，这是成长的催化剂。

当你付出了更多、更睿智的努力，同时减少那些徒劳无益的行动时，你至少在三个方面取得了胜利：提升了好胜心，增强了心理韧性，最大化地利用了更多的时间。

冷水澡催化剂

弗朗西斯总是不停地寻找方法来扰乱她舒适的个人生活和工作，即使是很小的事情或用看似奇怪的方式。她知道随之而来的不适感会增强她的警觉性、增加紧迫感、提升心理韧性。最近，弗朗西斯开始使用一个技巧，这是她在海豹突击队播客上听到的，“一大早洗冷水澡会干扰人的舒适区，使人更专注，更有紧迫感和警觉性。每天逐渐增加在冷水中停留的时间，甚至可以提升人的信心”。刚开始的时候，她只洗了15秒，感觉就像洗了5分钟一样。她用了1周时间，每天延长洗冷水澡的时间，现在她已经能洗整整1分钟的冷水澡了。在弗朗西斯看来，早上的第一件事就是与自我满足战斗——使用冷水，远离热水。

作者之见：那些大多数人认为古怪的方法，成功者称之为高招。

作者提问：在阅读完第三章之后，你改变了哪个日常计划中的标准？接下来会改变哪个标准？做好迎接冷水澡挑战的准备了吗？

4. 给自己的成长注入努力

上一章中，在“我计划预留一些时间来提升自己”这一方面，我提出了留出时间去有意识地提升自己。而本章节的第4点是“你是否很好地利用了预留的时间，还是只付出了最少的努力”。例如，如果读了一本书，你是否把关键段落标出，或者将笔记转换成Word文档，以便将来更有效地回顾你的收获？如果参加了一门线上课程，你是否能完全集中注意力？是否能抵制住诱惑，不把课程屏幕最小化，去浏览社交媒体、股票市场、新闻头条或体育比分等其他内容？综上所述，你是否能在预留时间以外的任何时间提升自己并在预留时间内全力以赴？

作者之见：毫无疑问，人变优秀需要时间，但无论如何时间总会过去。问题是，时间会让你变老还是变好？

作者之见：你参加过哪些有关个人发展的课程？读过哪些正经的书？最喜欢这些书的什么地方？它和你的哪些重要理念相同？读完之后你认为书里最有用的地方是什么？这些书改变了你什么？

5. 不会在小事上花费大量的时间

把大量的时间花在小事上就像吃不健康的食物，虽然不可能永远不吃这些食物，但为了让身体更好，你必须严格控制摄入量。如何使自己少在小事上花费太多时间，关键在于你的意识。它会让你少走弯路，并在你犯错的时候让你更快地回归正途。以下是一些“小事”，如果放任不管，它们很容易占用你的时间：

- 与别人谈论你没有把握的事项。
- 与实现你的“为什么”无关的对话。
- 做不属于你负责的业务。

- 观看或收听无意义的电视或广播节目。
- 你可能喜欢做回报率低并且会在优先事项中占用你宝贵时间的事情。
- 你可能喜欢做对自己有害的事情。
- 沉迷于社交媒体。
- 睡眠时间太多。
- 痴迷于游戏。
- 对各种恶习放纵。
- 对别人有求必应。
- 漫无目的地上网或切换电视频道。
- 花太多时间与让你感觉糟糕的人或不想成为的人相处。

评估在这些方面能否取得成功的关键是你如何安排“重要时间”。鉴于时间的宝贵，你可能希望以分钟为单位安排你的重要时间。在一天中，即使没有很好地利用一分钟或两分钟，也会导致大量的低效时间，而这些时间本可以被更有意识、更有效地投入到更有意义的事中。

作者之见：你把很多时间投入到少量有高影响力的任务和人身上时，对时间的利用就实现最大化了。

作者提问：一天之中，你是否会把大量的时间花在与实现你的“为什么”无关的人或任务上？它们给你带来的干扰和内耗是否使你实现目标的过程变得更长？可以在哪些地方有意识地把时间重新安排到更重要的事情上？

6. 拒绝做回报率低的事情

上一个方面是限制你花在无效活动上的时间，而拒绝做回报率低的事则要求你的态度更加坚决，以使你获得双倍的回报，并评估你拒绝低回报事情的能力。这些方面可能是你以前不予考虑、远离、放弃或完全避免的事情和坏习惯，考虑尝试以下方法来拒绝做低回报率事情：

- 取消订阅有趣但对工作毫无益处的出版物或其他媒体服务。
- 取消订阅每天要浪费时间删除的无效电子邮件。
- 不回应、不参与社交媒体上的政治或体育辩论。
- 开车时避免因生气而鸣笛，让他人知道你对他们的驾驶不满意毫无意义。
- 忽视用一种侮辱换另一种侮辱，转而从事更有成效的工作。
- 喝杯咖啡，回到工作岗位，而不是四处打听团队最新的抱怨或八卦。
- 不为了迎合或附和别人而随波逐流。
- 拒绝担任徒有虚名的职位，虽然这种职位会满足你的虚荣心，但会耗费你很多时间。

为错误买单

弗朗西斯作为唯一的女销售员加入公司时，很自然地想融入公司，想要被接受、被喜欢。她仔细听着每次会议之后团队成员的抱怨、八卦和牢骚，所谓的“会议之后的会议”。当她的队友私下里批评亚历克斯对他们的要求太高时，她没有为他辩护。当其他人抱怨参加公司培训课程很无聊时，她不愿意承认自己喜欢这种培训。简而言之，她的队友们让她妥协了，这让她觉得自己不诚实、不真实。所以，有一天她决定改变。她没有正式发表声明，也没有责备其他人工作效率低下，而是决定以身作则，不再优先选择和同事们如何相处，要使自己变得更优秀。她还在乎团队吗？当然！事实上，她非常关心他们，她虽然不赞成他们的荒谬行为，但仍然为他们实现目标设定了更高的标准。

作者之见：成熟是掌握回避和逃避的艺术：尽可能避免做那些无益的事情，当有人把它强加给你时，你就逃避。

作者提问：什么样的心态、偏好、活动或习惯是你必须从日常工作中甚至从整个生活中剔除的？正是它们阻碍了你的工作，使你的努力和睿智无法互相促进。

7. 在生活的各个方面全力以赴

“努力”包含两个方面，第一个方面说的是你在工作中的努力，另一方面则说的是你在工作之外担任的角色。如果想要在生活中的各个方面得到适度和持续的改善，你需要一个有意识的心态，就像在工作中认真完成任务而不是敷衍。这意味着你要在以下方面加大努力：

- 作为父母、配偶或朋友，与以前的自己比较。
- 不断改变你在锻炼、饮食、个人成长、经济和精神等方面的标准。

- 掌握参与的艺术。参与是一种情感投资，所以无论在哪里，你都要全身心投入。度假时要放松，不要每小时查看一次工作邮件；和孩子们在一起的时候专心陪伴，不要因为浏览社交媒体而减少与他们交谈；在健身房的时候专心锻炼，不要观察别人，也不要对着你经过的每一面镜子摆姿势；如果参加一门教育课程，就认真上课、做笔记、提出问题、做作业，并应用你所学到的知识，不要虚度时光，要从中学到知识。

难以取悦的父亲

在第二章中我提过，长期以来弗兰克渴望赢得他成功的父亲的认可，这是构成他“为什么”的一个重要方面。多年以来，弗兰克的重点一直是竭尽全力给他的父亲留下深刻印象，比如他是怎么成熟的、他学到了什么、他在工作上的成功，以及他赚了多少钱。但很可惜，弗兰克意识到，尽管他全部的努力都是出于真心，却丝毫没有奏效。老弗兰克似乎对儿子漠不关心，有时甚至对弗兰克自以为是的努力感到厌烦。

虽然弗兰克奋斗的目标没有改变，但他的方法变了。在过去的会面中，他说很多话，试图在生活中给父亲留下深刻的印象，但现在他决定把注意力转移到更努力地理解和了解父亲，即向父亲表明儿子的关心是出于真心，而不是试图给他留下深刻的印象。弗兰克开始关心更多关于他父亲的事情，比如父亲的旅程、父亲做了什么、父亲学到的经验，以及父亲的健康和对未来的期望。他现在从一个想在经济上与父亲竞争的儿子，变成了一个想与父亲建立更牢固关系的儿子。弗兰克认为励志作家齐格·金克拉（Zig Ziglar）的名言充满智慧："虽然我喜欢金钱能买到的东西，但我更喜欢金钱买不到的东西。"

作者之见：当"努力"的箭矢没有击中目标时，不要责怪靶心，一定要提高你的瞄准能力。

甘于额外付出，创造更丰厚的成果

在完成自己的目标时，有的人会稍微松懈一点，因为他们允许自己这样做；有些人会竭尽所能；有些人则只完成一部分。这些都是他们自己的选择。人的思想（而不是技能、知识、才能或经验）决定自己的道路。如果我在前几章中没有说清楚是什么在每时每刻显著地影响着一个人的心态，那么在这里，我明确地重申一下：正是一个人的"为什么"。一个不坚定的"为什么"让你感到轻松，而一个明确又强烈的"为什么"可以让你摆脱麻烦，即使当你感觉很累、不想继续做下去，或者没有看到立竿见影的效果时，你仍想要额外再多付出一点。

在本章最后我提出这样一种观点：努力、睿智地工作并不是惩罚；相反，这是一种有意识的、回报丰厚的生活方式，它赋予了执行者一定程度的自尊、自信、好胜心和心理韧性。对于那些满足于做得恰到好处的人，或偶尔只在适合自己的时候自我提升的人，这是永远无法企及的高度。

作者提问：你有没有想过生活中某个方面松懈可能会对另一个方面产生负面影响？例如，如果没有好好锻炼身体，这会影响你的人际关系吗？如果人际关系很糟糕，会影响你的精神健康吗？如果精神很倦怠，会影响你的工作表现吗？

“制胜”行动指南

列出每一个你认为重要的方面：职业、学习、运动、家庭、集体、重要的人、友谊、健康、精神、个人成长、财务状况等。在以上列出的所有方面中找出一个，来实施有意识的行动，目的是通过更有策划力的行动来提高你的目标，增强你的专注力，付出更多努力，改变你的标准。

獾男篮逆境事件之九
2020年1月26日：獾队两大得分手突然退出球队

在进入本赛季的最后7周前，獾队竭尽全力想要在1月的比赛中保持优势，他们试图重振旗鼓，在即将到来的对阵爱荷华州队的比赛中赢得一场胜利。

但在惨败给普渡大学队后不久，獾队的头号得分手和第二得分手突然离队，这让苦苦挣扎的球队和工作人员感到惊讶。现在，獾队将不得不在缺员的情况下完成本赛季剩余的比赛，并需要做出调整以弥补人力和技术上的不足。

我的“制胜”笔记

- 当困难接二连三地向你逼近，有人放弃你、有人离开你、有人认为你注定失败的时候，你会做些什么来让自己保持专注力和动力？
- 有的人会根据别人对待你的态度和方式来判断你的为人，你如何避免这种事？你被解雇了，怎么把这件事当成对你实现“为什么”的激励？如果别人比你更有天赋，你该如何增强自己的韧性，让自己更有优势呢？

第十章
自律：先掌控自己，再完成目标

培养自律意识，创造更多选择

discipline（自律）包含好几种意思，然而糟糕的是这个词会让人联想到消极的一面，如："那个孩子需要管教（discipline）""我要惩罚（discipline）你""自我约束（discipline）的痛苦"诸如此类。这个词听起来像是一种惩罚和限制，似乎有它在就减少了生活中的乐趣，但事实恰恰相反，这个词有很多积极的方面。在本章中这个词被定义为：以提高技能、改变习惯或态度为目的的一种活动、生活规律或锻炼。为了从更合理、更新鲜的角度看待自律，我们来看看它的一些突出特征。

自律就是自由。强迫自己去做必须做的事情时，总有一天你就能做想做的事情。

自律能鼓舞士气。以正确的方式做正确的事情时，你会感觉更好，尤其是当你不想做但还是做了的时候。

自律是桥梁，连接你现今所在的位置和渴望达到的位置。你做完决策（如第四章所述）要开始行动，自律促使你坚持下去并完成。自律的行动将你的目的转化为成果。

在你的一生中，自律会给你更多、更好的选择。自律通常意味着为了你最想要的东西而放弃现在想要的东西（克服即时满足）。你在当前的预算和投资方面越自律，以后的生活选择就越多；如果在当前的健康方面越自律，随着年龄的增长，你能够参与的活动越多。此外，你通过个人成长的自律有了更多的选择去帮助他人、做决定、解决问题或创新等等。

自律能培养正确的习惯，并且促使你坚持不懈地完成任务。习惯就是指你经常做的事，因为自律，它们就变得不假思索，进而产生了坚持。

自律是众多能力不足的人与少数好胜心、心理韧性强的人之间的分水岭。自律能让你坚定地朝着目标继续前进，突破挡在你和目标之间的障碍。自律会促使你坚持做让自己感到不舒服的事情，增强你的自信心、自尊心，提高你的标准。

作者之见：任何领域的冠军都会把自律作为成功的秘诀。

拒绝无成效工作，保证高质量产出

一旦确定了你的“为什么”，你就更容易知道必须优先考虑什么，即每天应该先做什么。一旦预先确定了这些优先事项，你也就会更清楚，必须对那些无成效的、阻碍你取得进步或拖延进程的选择说“不”。“不”是一个美妙的词，高度自律的人是敢于拒绝的“无废话大师”，正是因为他们首先决定了每天必须做什么，才能朝着目标前进。“不，我没有时间做那些事”“不，我不会卷入其中”“不，我不能承诺”……“不”也是一个完整的句子，它说明了一切，你不需要解释。

在明确了你的“为什么”之后，你更有可能发展并坚持自律，因为你必须有坚定的理由去做好那些可能不想做的事情，而对可能喜欢但适得其反的事情说“不”。这证实了一个事实，自律是可以培养的，它既不是遗传的，也不是别人强加给你的。你可以先确定最想要的是什么，然后下定决心为之付出努力。在这方面，建立一个有意识的心态是自律的主要辅助和催化剂。

作者之见：先掌控自己，再完成目标。

7个关键内化自律

1. 提前预设好心态或方案

在开始处理一天的工作之前先调整你的心态，可以很简单，比如回顾你的“为什么”、阅读或背诵积极的东西、检查你当天的优先事项、听或读一些鼓舞人心的广播。在锻炼身体方面做好方案，坚持到最后一个动作是对自己的挑战，别对自己说“这些锻炼足够了”，这可能达不到锻炼的效果。虽然这一点关注的是你有意识的心态和锻炼方案，但它包括了你之前的基本日常行为习惯，或者在阅读了第八章关于“严谨”的内容后，受到启发而养成的任何习惯。

作者之见：自律即按计划执行，会带来痛苦，但也会带来回报；不按计划执行会让你后悔，后悔带来的痛苦将困扰你一生。

作者提问：有没有什么重要的日常习惯是你目前还没有，但必须培养的？有没有什么日常习惯是你曾经有但必须放弃的？你现在是否有一个日常行为习惯必须调整，以使其更有意义？

2. 不论感觉如何，都会履行承诺

当你不想执行你的日常计划，不想履行你对自己或他人的承诺时，我想问你几个问题：

- 如果你不想做会如何？
- 你的感觉和你要不要做该做的事之间有什么关系？
- 为什么你要让一时的感觉来决定是否要做能永久改变你生活的事情？

除了在你感到不舒适的领域做一些重要的事情会带来很多回报之外，还有一点被经常忽视：当你不想执行关键任务或履行承诺但还是下决心去做的时候，比起做你愿意做的事情，你的感觉会更好。自律不是一种惩罚，而是一种鼓舞士气的手段。

弗朗西斯的最后一次

弗朗西斯有一次没有像往常一样进行晨间思维活动，那也是她最后一次这么做。她醒来后发现身体并没有完全“苏醒”，于是在每天早上应该回顾她的“为什么”、决定今天的优先事项以及给自己加油鼓劲的时候，她在睡大觉。她当时认为，关注她的身体比关注她的思想更重要。但随之而来的是她的身体状况在一整天的工作后变得更糟，她意识到精神上更加专注、精力更加充沛可能会对她的身体产生积极的影响。弗朗西斯的经历提醒我们，即使再坚强的人也有脆弱的时候。

作者之见：软弱的人在生活中让感觉决定自己的行为，而内心坚强的人则非常自律，用行动来表达自己的感受。他们不会让情感主宰自己的未来。

不要为了做事而做事

在休息日，弗雷德严格地遵守了他对妻子的承诺——打扫车库。他的确做到了他承诺的事情，尽管他不想做，也不喜欢做。他甚至没有因为做了这件事而感觉好一点。为什么？因为他这样做只是为了完成任务，他的态度是错误的。

例如，他打扫车库的时候，视线却无法从电视上播放的大学生橄榄球比赛上离开，他的妻子不得不提醒他3次，让他赶快扫地。他干得并不顺心，一直抱怨说："最后用这个的是谁？""为什么就没人能把东西放回原处呢？""你为什么把钱浪费在这种垃圾上？""真不敢相信，以往这个时候我应该在看比赛，但现在我却在扫地。"

他干得马马虎虎，却对自己说："现在车库已经足够干净了，至少比以前好多了，我下周再去打扫别的角落。"

如果弗雷德要实现自己的目标，他就应该在某些方面改进，比如对细节的关注、做事态度、工作心态和自律。他如果真能有所改进，那么就会把打扫车库当作完成一幅杰作，以此心态来做这件平凡的事情。

为了真正享受自律并从中获益良多，你需要下定决心：要信守承诺或执行一项任务，必须全力以赴，以良好的态度去做，并把所有任务——无论大小——都视为自己个人标准和品质的反映。

作者之见：归根结底，做任何事的方式都是相同的，因为做的所有事情都反映了同样的心态。

作者提问：在你的个人生活或工作中，哪些优先事项是你在不想做的时候最容易忽略的？你为什么一定要下决心获得更多好处，以至于在未来还要继续这个选择呢？

3. 对捷径和即时满足说“不”

正如本章开头所建议的，一旦你坚定地明确了每天必须做的事情，这个任务就会变得更容易。我们确实生活在一个崇尚速度的时代，包括即时满足。正因如此，培养自律来控制你的能力，坚持严格的日常行为习惯，更努力、更睿智地工作，诸如此类的事情会让你比以往任何时候都更与众不同。

人们之所以会做一些没有效率的事情，比如不努力、临时抱佛脚、没有主见、浪费太多时间、走捷径或跳过规定的流程等等，是因为这些行为没有立即产生负面结果。他们的懈怠或马虎似乎没有造成什么可怕的后果，所以他们倾向于一次又一次地重复这种行为，直到错误的行为成为一种习惯，而这种习惯对他们的成长而言是致命的。

作者之见：越频繁地重复一种无益的行为，它就变得越正常；人感觉越正常，就越不会意识到它产生的影响和后果。

尽管你希望无益的行为不会产生可怕的后果，但无法逃避这样一个现实：反复的不自律行为会让你自食其果，虽然结果并不总是立竿见影，但久而久之后果会越来越严重，这是毋庸置疑的。因为我们的行为会产生复合效应，不管这些行为是有益的还是无益的。虽然有益的行为并不总是立即产生效果，但如果你继续坚持下去，就一定会有所获益，同样，这个复合效应也适用于无益的决定和行为。

不自律行为的后果会让你苦恼，没有任何人例外，相信你现在已经得到警示了。

作者之见：当你发现自己还是老样子、一点进步都没有时，这不是你昨晚的行为导致的后果，它反映了一系列失败的决定和长期形成的错误思维。这些决定和思维所带来的后果让你得到了应有的惩罚。

作者提问：你在生活的哪些方面最容易放弃艰难、漫长、不方便、代价高的道路，而选择更容易、代价更小、更快速、更令人享受的道路，尽管清楚地知道这并不是最适合你的？你必须改变什么才能用当下的浮躁或嬉闹来换取一生中的充实和高效？

4. 很少把时间花费在上网冲浪上

你是否曾经有过这样的经历，只需要很短时间就能完成的重要任务被你拖到需要 1 个小时，甚至半天才能完成，因为在完成任务的过程中，你总是不自觉地被网飞的新剧、声破天（Spotify）的音乐电台、食品网（Food Network）的美食系列节目等没有意义的网站或社交媒体吸引。如果这样的事情在你的工作或生活中经常发生，那么说明你和很多人一样——没有效率。

弗雷德上网看棒球比赛的一天

在为公司工作的两年时间里，弗雷德第一次受到了书面批评，因为他在工作时间上网看棒球比赛。起初，他只是打着更新客户文件的幌子，偶尔在办公室电脑上查看下午的比赛成绩。但这次，他竟然看完了一整局比赛。弗雷德解释说，看比赛会对他的工作表现产生积极的影响，让他在工作中更有成就感，压力也会变小。他没有想到管理层每月都会对员工电脑上的浏览历史进行检查。他很庆幸还没有开始访问那个耳闻已久的在线游戏网站。

作者之见：不要分心，保持专注。

——丹尼尔·戈尔曼（Daniel Goleman）

作者提问：你会忽视上网冲浪对你的好胜心和心理韧性的影响吗？你是否认为频繁或过度上网是无害的，且能平衡你的生活？如果你的“为什么”渗透在生活中所有重要方面，不允许你一直以这种方式浪费时间，你觉得这有道理吗？

5. 对过多的琐事、无聊的谈话、无意义的等待说“不”

前面我们阐述了“因热爱上网冲浪而耽误工作”这个不自律的行为，在第5点，我将针对限制或消除没必要的废话强调以下几点：

打听并散播流言蜚语。如果你经常谈论别人，特别是关于谣言、猜测或其他未经证实的流言蜚语，你就是个爱说三道四的人，并且成了流言蜚语的传播者。流言蜚语不但不会产生任何成果，它还会分散你的注意力、有损你的品格、消耗你的精力、浪费你宝贵的时间。

一些与建立人际关系、影响他人、成为更优秀的人或朝着你的目标努力毫无关系的对话。在职场，人与人总会有闲聊的时候，但这种闲聊可能会失控。你需要更多地注意这些对话的质量和消耗的时间长短，并考虑你所谈论的是更接近你的“为什么”，还是让它更难以实现。如果是后者，长话短说，然后继续朝着目标努力。

唠叨或抱怨。对于软弱的人、注意力不集中的人，以及那些不在意别人的时间和效率的人来说，爱唠叨和抱怨是他们共有的特征。说实在的，那些已经建立了一种有意识的心态并且专注于“为什么”的人没有时间做这种蠢事。他们明白，一直唠叨或一味抱怨会让自己以及听到这些话的人效率低下。

你的个人问题与别人无关。选择和谁讨论你的个人问题？包括感情、婚姻、健康、经济、对孩子不满等问题。意识到与你探讨这些经历的其他人同样也有自己正在应对的麻烦，这一点对你是有帮助的。如果太多人对你的私事了如指掌，那么是时候提高自己的意识、自律性去选择聊天的对象和内容了。

许多人认为嘴巴是自己最大的敌人，即他们说话的内容以及说话的方式让他们陷入麻烦、被孤立，经常让自己和身边其他人苦恼，影响人际关系。但嘴巴不是问题核心，心才是，嘴里说出来的话来源于内心所想。如果没有有意识的心态，你就不能显著提高自律性，拥有好的品质。人有意识地管理心中所想、口中所说要付出很多，比如时间和坚持，但这是值得的，因为学会适当闭嘴真的会改变生活。

> **弗兰克的醒悟**
>
> 弗朗西斯加入团队初期，她的销售额每个月都超过弗兰克。弗兰克像个孩子一样对待这件事，他污蔑她，说她的闲话，当然都是私下里。但慢慢地，弗朗西斯坚持不懈的精神和专业的态度赢得了他的尊重。上次弗雷德在闲谈中提到他和弗朗西斯的争论时，弗兰克摆手示意说："弗雷德，与其在这和我谈论弗朗西斯，也许你应该直接去和她谈谈。"弗雷德看起来很震惊，觉得自己被背叛了。闲谈迅速结束后，弗雷德和弗兰克工作起来都更有成效了。

作者之见：如果你说的话没有用，那还不如继续保持沉默。

作者提问：上文会引发你更多的思考吗？在开始或加入一段对话之前，故意等上3秒钟。在这3秒钟里，你要主动地问自己：我打算说的话会让自己的表现变得更好还是更差？

6. 比昨天更容易保持正确的方向

在言行上，我们虽然已经尽最大的努力使自己具有很高的自律性和意识性了，但还是会有偏离轨道的时候。那不是重点，也不是问题所在，我们面临的挑战是如何降低偏离方向的频率。诚然，我们无法做到完美，但我们的目标是将不完美最小化来助力成长，这些小小的胜利可以是比昨天、比1周前或1年前更好地处理问题。

容易偏离方向的人总会重复同样的错误，栽倒在同一个坑，掉进去，再爬出来，日复一日，年复一年。如果你真的是我说的这样，那么是时候提升你的竞争精神并且更加严苛地对待自己了。显而易见，减少偏离方向的关键是首先弄清楚方向是什么。有一个严谨的日常计划，安排优先事项，预先决定你必须要做和坚决不做的事情，还有我们在本章中讨论的其他必不可少的事情。以上方法为你建立了一个基础，你可以在迷失方向时提升意识，这样你就可以在短时间内重新变得有效率。

弗朗西斯的励志便利贴

18 个月以前，弗朗西斯刚加入公司时写了一张 1000 个字的便条并把它贴在电脑上，这件事受到了同事们的嘲笑。他们认为这是愚蠢的、业余的、没有必要的行为。在她作为销售冠军的 15 个月里，这张便条一直保留在那儿。还有人嘲笑她吗？这种情况 1 年前就不存在了。便条上有这样一句话："我此刻是否在做最有效率的事情？"

把它贴在电脑上是弗朗西斯有意识的行为，弗雷德愿意作证，因为那天他在网上看棒球比赛，之后受到了书面批评。

作者之见：成功就是从一个失败走向另一个失败而不丧失热情。

——温斯顿·丘吉尔（Winston Churchill）

作者提问：你觉得弗朗西斯的便条怎么样？你是否可以在自己的日常生活中使用这种有意识的方法来减少偏离方向的次数？

7. 偏离轨道的时间比昨天少

与以前的自己相比，一个关键点是提高更快纠正方向的能力。我们不仅希望降低偏离轨道的频率，还希望提高意识，这样，当我们真的偏离轨道时，意识会迅速将我们拉回来，不至于偏离太久。任何人都可能会偏离方向，但如果没有有意识的心态，可能不能及时回归正轨。事实上，对于一些人来说，偏离轨道的时间太久了，以至于他们想出了别的办法来应对眼前的工作或生活中的问题，然后开始走下坡路。

坚持在既定的道路上行驶以实现你的“为什么”是一个高回报的行动，提升在这方面的自律性将改变你的生活。

作者之见：我们应该接受失败，因为失改和挫折是不可避免的，但最终都是一个学习、调整和用新的方式重新追逐目标的机会。

——珍妮•弗里斯（Jenny Fleiss）

作者之见：人都有盲点，或者因为当局者迷而无法迅速认识到自己的缺点，那么当你在语言或行为上偏离方向时，你愿意生活中有某个人帮你指出错误吗？如果不愿意，那么他发誓并不是在推卸责任或挑刺儿，你会更愿意接受吗？

接受自律

如果我在本章中分享的内容还不足以改变你对自律的态度，不足以说服你接受它，看看下面提到的这些人是怎么说的：

今天我们做他们不愿意做的事，明天我们就能做他们做不到的事。

——道恩•强森（Dwayne Johnson）

成功者乐于努力工作，他们喜欢自律，愿意为了胜利做出让步，而失败者则认为自律是一种惩罚。这就是成功者与失败者的区别。

——卢·霍滋（Lou Holtz）

纪律是军队的灵魂，它让少数人变得令人敬畏，使弱者获得成功，使所有人都得到尊重。

——乔治·华盛顿（George Washington）

成功的人愿意做失败者不愿意做的事情，他们也不一定喜欢这样做，但是实现目标的力量使他们克服了感情用事。

——E. M. 格雷（E. M. Gray）

唯一持久的纪律就是自律。

——巴姆·菲利普斯（Bum Philips）

自律是炼精之火，使才华变成能力。

——罗伊·L. 史密斯（Roy L. Smith）

有了自律，一切皆有可能。

——西奥多·罗斯福（Theodore Roosevelt）

“制胜”行动指南

如果给自己太多选择可能会导致不自律，那么你在生活和工作上的哪些场合，可以放弃没有成效的选择，从而缩小注意力的范围，激发更多的自律性呢？试着想出至少两个以后不允许自己参与的、没有成效的选择，或者减少你的工作安排和休息时间。

獾男篮逆境事件之十

2020年1月27日：獾队领先12分，爱荷华队惊险反超

尽管獾队在比赛前一天失去了第一和第二得分手，但他们为了对阵爱荷华州立大学队不得不振作起来。比赛刚开始，獾队领先爱荷华队12分，但在比赛接近尾声时，爱德华队实现反超并最终赢下比赛。

有两名关键球员离开了球队，獾队仍然团结一致，但遗憾的是他们还是输掉了一场本可以赢的比赛。

我的“制胜”笔记

- 如果你在1天、1周、1个月或更长周期内的大部分时间里表现良好，但最后的结果对你不利时，你会如何应对？
- 你怎样才能从失败的挫折中恢复得更快？你有没有或是否能创造有意识的心态做到这一点？

第十一章

智慧：增智以减愚

广泛学习，精准解决问题

智慧的定义是“获得学习知识和技能的能力，应用学到的知识和技能”，这解释了为什么人的智力不是恒定的，也清楚地说明了为什么很多人在很多时候只是有点“小聪明”。智慧地阅读这本书的人显然都有办法获得知识和技能。随着培养出更强的好胜心和心理韧性，他们也有可能完全实现定义的后半部分，即“应用学到的知识和技能”。许多后进生用行动诠释智慧这个定义时，往往在前半部分比后半部分做得更好，可悲的是，这一事实使他们符合前面说的“小聪明”人设。

作者之见：人生最大的差距就是知道和做之间的差距，好胜心和心理韧性可以帮助你缩小差距。

内化知识与技能，提高生活品质

有可能此时此刻你不需要再学习新东西也不需要再获得新技能，就能在锻炼、饮食、财务、职场、人际关系等方面取得良好的成果，但这并不能说明你拥有了智慧。你所需要做的就是把多年来在这些方面学到的东西更自然连贯、更出色地应用起来，而不是做得很差、不能持之以恒，或者根本不打算做。在获取智慧的过程中，你开发的任何新技能、改进的旧技术、获得的知识都是额外的奖励，而不是你改善生活各个方面的决定性条件，因为在生活中，你还没有把学到的知识和技能加以应用，但是说实话，你已经学到了新的知识和技能，这一鼓舞人心的消息足以令我们所有人兴奋不已！

做好该做的事，避开“愚蠢”雷区

“愚蠢”这个词经常被使用，而人们却不清楚它的真正含义，它是指缺乏常识或智力。如果我们知道要做什么，但没有去做，我们不只是懒惰、健忘、不感兴趣，而且还缺乏常识，这就是愚蠢！如果你只是对一件事缺乏了解、未收集到足够的信息，或者没有受过相关的训练，那么只说明你无知，而不是愚蠢。但对许多人来说，情况并非如此。他们知道自己本应做但却不去做，除非他们更有意识地去做更多已经了解的事情，学习更好的方法并坚持不懈地去做，否则他们的潜力得不到发挥。在这一点上，没有人能纠正别人的“愚蠢”行为，但每个人都可以自我纠正，这时应用上一章讨论的自律会特别有效。

汲取经验，从“蠢事”中成长

stupid（愚蠢）听起来就不是什么好词，但还有更糟糕的，比如moron，被定义为“非常愚蠢的人”，指不从过去吸取教训、总是犯同样的错误，或者完全停止进步的人，这种做法会让人迅速变得越来越蠢。我们每个人都会时不时地做一些愚蠢的事情，但这并不意味着我们就是愚蠢的人，除非愚蠢开始主宰我们的行为。因为当我们不断接近愚蠢的标志牌，踩下油门，径直冲进“愚人乐园”（Moron Meadows）时，生活会变得更加艰难，所以为了避免变蠢，我们必须增长智慧。

作者之见：重复做同样的蠢事并不会让你成长或进步，你可以通过做一些其他事并从中积累经验教训，以达到成长和进步的目的。事实上，这种能力是拥有智慧的标志。

7 个关键塑造智慧大脑

1. 获得新知识

这方面与智慧的“获得”有关。虽然你可以从很多途径获得知识，但培养 ACCREDITED 理念的目的以及你在人生逆袭日记中为自己评估和打分的依据，就是你在改善生活的关键方面并实现你的“为什么”时获得的新知识，这些方面包括：财务、人际关系、职业、健康、精神面貌等。知道你最喜欢的电视连续剧中讲的故事、记住家乡足球队的赢球数据、成为职场上最了解世界悲剧事件的人都不包含在其中。虽然从定义上讲，了解这些方面会增加你的见识，但这并不是我们在智慧方面所追求的。

是负荷、错过还是有价值的智慧？

有一个例子证明了这一观点的正确性，还记得弗雷德、弗兰克和弗朗西斯在休假期间的决定吗？如第四章所述，三人的决定阐明了智慧的三种主要类型。

负荷

弗雷德决定专注于他无法控制的方面，即不断变化的政府指令、每日与感染率有关的新闻和死亡人数统计。然而，他专注这些，既加重了他的负荷，又使他从本应富有成效的工作中分心。

错过

弗兰克决定利用休息时间读1本关于设定目标的书，但他无法将目光从旁边的电脑上移开，电脑上不断跳出关于企业倒闭、失业率飙升、最新的政府指令和股市波动的新闻，这些都让他分心。回想一下，他不愿意做出选择，不愿意把分散掉的注意力收回来而专注于阅读，这导致他始终没能读完第一章。他错过的知识本可能改变他的生活，却从未被他重视。

有价值

弗朗西斯决定利用她的空闲时间参加线上“销售精英培训”课程，每月读1本励志书，并在网上研究竞争对手的产品。弗朗西斯在停工期间确立的每一个知识目标都将影响她的工作表现并与她的“为什么”息息相关。

作者之见：为了争取时间来更持续地获取相关知识，你可能需要在“停止清单”上增加一些事项。进步并不总是指做更多的事情，也包括少做一些事情。

作者提问：为了实现你的“为什么”，你必须在人生的哪些领域更有意识地寻求知识？你是否在某些领域投入了过多的时间而得到的却是毫无意义的负荷？你必须消除哪些干扰因素或合理安排哪些时间才能避免徒劳无功，从而获得鲜为人知的智慧？

2. 加强练习以提高技能

你需要加强练习的待提高技能指的是已经基本掌握的技能，如烹饪、电器维修、写作等等，这些技能可能与听、说、反馈、协商等方面有关。而你已完全掌握的技能指做得特别好的事情或做好某事的能力，因此，在评估加强练习某方面技能时，你要优先考虑正在增强的优势，把注意力转移到你还没有达到一定等级的技能上，然后努力把它们提升到一定的技能等级。

与老话“熟能生巧”正好相反——熟不能生巧，也不能保证你会进步。但是，精准的练习会产生不同的结果。想想看，如果你决定练习高尔夫挥杆动作，但还是按照有缺陷的挥杆动作练习，就算你把练习的数量增加1倍，也只会让你的能力越来越差。因此，你必须先规范挥杆动作，然后再进行精确练习。这适用于任何你想通过练习来提高的能力。

作者之见：我不怕有人每次练习踢腿1万次，但我怕有人把同一种错误的踢腿动作练习1万次。

——李小龙（Bruce Lee）

作者提问：你拥有的哪种能力对于实现你的“为什么”至关重要，但这个技能还没有达到高等级？你多久会有意识地去加强练习这种技能？你可以在哪些方面做得更多，或者做得更好？你在哪些方面特别熟练，以至于你可能认为这种技能是理所当然的而不再去努力提高它？你如何利用目前在这些领域所掌握的技能？

3. 寻求反馈

比尔·盖茨（Bill Gates）曾经说过："我们需要有人给予反馈，这是我们进步的方式。"然而，许多人既不谦逊，也没有好胜心，更没有寻求反馈的心理韧性。事实上，当他们收到反馈时，他们的反应极其直观和幼稚，会条件反射般地驳回反馈的意见或和提供反馈的人争论不休，并表现出更强烈的维持现状的决心，而不是改变他们的表现和状态。

> **你想得到指导吗？**
>
> 表达渴望成长和寻求帮助以变得更好，这是很常见也很容易办到的，但你真的想得到成长所需要的反馈和指导吗？你能接受事实吗？你愿意先考虑未来再考虑当下的感觉吗？答案很大程度上反映出你的好胜心、心理韧性的强弱以及你是否拥有智慧。弗雷德、弗兰克和弗朗西斯对反馈的不同反应说明了大多数人对反馈的态度存在差异。你属于哪一类？
>
> 弗雷德听到反馈后会生闷气，然后为了让提意见的人不再唠叨而表面赞同，但他并没有因此改变任何事情。
>
> 弗兰克收到反馈后会开启自我防御机制——找借口，或者攻击提供反馈的人。他甚至很少考虑反馈存在的意义，通常都是我行我素。弗兰克唯一会寻求反馈的时候是当他觉得自己没有被欣赏或没有被称赞，而他想得到别人的赞美。
>
> 弗朗西斯寻求反馈，并根据她所听到的反馈采取行动。她不一定非得喜欢听到这些信息，不必非得喜欢这些信息传递的方法，她也不必完全赞同这些信息，但她会从污泥中寻找黄金。

如果这能帮助她实现她的“为什么”，那么她愿意把舒适区和自尊放在一边，让反馈得到一个公平的机会可以被倾听。

作者之见：寻求反馈并根据反馈采取行动，而不是逃避、恐惧或忽视反馈。一个人对待反馈的态度反映了他是否具有高水平的可塑性。

作者提问：你多久征求一次关于如何提升的反馈？如果那不是你想听的，你的第一反应是什么？你有多大可能去适应那些可能有帮助但你不想听到的反馈？

4. 根据反馈采取行动

如果某人有独特的见解、更丰富的经验或显著的成功，通过反馈传递给你建议或批评，你不一定要喜欢或同意才能采取行动。事实上，不顾一切地采取行动去追求更大的进步，表明了你对进步和成长的渴望。如果你打算根据反馈采取行动，请做好以下 4 件事：

- 根据反馈采取行动，目的是让它发挥作用，而不是证明别人是错的。
- 发挥你良好的能力，而不是像你马上就要去服刑 30 年一样颓废。
- 投入你全部的努力，而不是走个过场，也不要只是为了从清单上划掉一个任务而去做。
- 要明白，得到好结果需要时间，所以要有全力以赴的意识并坚持足够长的时间。

当你的“为什么”足够坚定时，你就会按照这 4 点去做，因为你会优先考虑个人进步，而不是考虑个人骄傲，而这种个人骄傲会在很长一段时间里阻止你前进。

作者之见：通常情况下，你不会改变任何东西，除非你自己做出改变，而这些改变往往源于别人的反馈。

作者提问：关于决定根据反馈采取行动，上文提出了 4 点，评估一下你做得如何。在这 4 个方面中，你在过去有过犹豫并且必须改进的方面是什么？

5. 执行行动计划

这方面体现了智慧定义的后半部分——“应用学到的知识和技能”，它指的是你在工作前、工作中和工作后成功地执行你的优先事项。如果你现在明知自己的优先事项却不去做，那么接下来我要告诉你：你不仅要做，还必须做得更好！我在这里讲的内容与第十章“自律”中执行重要的日常计划和承诺有关，与第九章讲的努力执行最重要的任务有重复的地方。但我要再次强调“把全部注意力和精力放在日常最重要的事情上，限制或完全消除那些没有成效的事情”，必须作为你身上的一个亮点，出现在你生活中所有的舞台上。

每天都要致力于树立形象

在之前的内容中我提到，不管你感觉如何，都要遵守你的承诺，这有助于树立你的个人形象。提到形象时，大多数人想到的是集体，而不是个人。但就像集体一样，个人也有形象，即你留给他人的印象，以及在印象的基础上所形成的人们对你的共同认知。弗雷德树立了一个讨人喜欢但表现不佳的形象；弗兰克的形象——拥有更好的表现和更高的潜力，但有些自私和善变；弗朗西斯的形象——坚韧、执着，还带着一点冷漠。通过确立“为什么”目标清单和学习前面章节中提到的所有要素，基本上就确定了你希望自己的形象是什么样的，而这个形象就是你列出的最想成为或最接近的那种人。树立形象很重要，原因如下：

你一旦更清楚地定义了个人形象和身份，就有了一个行为基准，就会对自己负责。如果你想成为一个“更好的人”或想做出“出色的表现”，必须首先明确“优秀”对你来说意味着什么。

你一旦对个人形象有了定义，就更有可能做出与这个身份相符的日常行为。因为你按照你的理想形象所采取的每一个行动都是对你想成为的那种人投了赞成票，这将使你更自律、更具有智慧。相反，每当你的行为与理想的形象背道而驰，包括无法执行每日计划里的优先事项，就相当于给变成更好的自己投了反对票。和其他选举一样，虽然不必全都是赞成票，但你需要始终如一地努力赢得更多的赞成票而非反对票，日复一日，才能成功地踏上通往你的“为什么”之路。

当你成功执行了优先事项，并在人生逆袭日记上给每日重复出现的主题评分时，你会非常清楚地看到，这 10 个要素中反复出现的主题会对你的每日分数有着不同程度的积极或消极的影响。原因显而易见，你每天能否成功完成人生逆袭日记上记录的这些方面，会对你的好胜心和心理韧性产生影响，同时，也多多少少会对实现你的“为什么”及你的整体生活产生影响。

作者之见：优秀的形象是慢慢树立起来的，而不是一夜之间形成的。它们通过多种正确且出色的行动得到强化，而不是一次肾上腺素飙升就能神奇地塑造出优秀的形象。

作者提问：当尽力去做你知道的应该做的事情时，你是否在生活的某个方面总是做得不好？这些方面包括经济、婚姻、育儿、身体、职业、精神等。你知道自己存在这些缺陷但不会自己修复，你可以有意识地做些什么来使自己变得更有责任感、更卓越、更有耐心？

6. 尝试新事物

尝试新事物是令人不安的，但即使是在很小的方面，尝试新事物也可以动摇你的既定思维，打破你的舒适区，扰乱你日复一日的常规生活节奏，或者改变你的标准，这就是为什么它对成长如此重要。你应该考虑接触一些有成效但可能令你不舒服的新事物，即使只尝试过一次新事物，比如食物或饮料，也表明你愿意接受改变。

新的事物可能包括：

- 尝试新的食物或饮料。
- 制作新食谱。
- 做任何改变你日常生活标准的事情，包括心态、职场、锻炼等方面。例如，对于那些你已经在尝试的新事物，你可以重复去做。即使活动内容没变，你努力做得更多，就会产生质变，这同样也适用于少做一些没有成效的事情。

- 每天写日记。
- 读一本书。
- 听播客。
- 尝试在一家新餐厅就餐。
- 做园艺。
- 在花园里种几种不同的蔬菜。
- 每周举行一次家庭聚会。
- 写一份家庭责任宣言。
- 参加一门新的线上课程。
- 看教育类电视节目而不是新的情景喜剧。
- 尝试新发型。
- 参加自卫课程。
- 选择不同的路线去经常去的地方。
- 淋浴前 10 秒冲冷水，走出自己的舒适区。

尽管一些行为看起来与“提高行为表现”本身没有任何关系，但它们仍然会造成一定程度的不适感和不确定性，对你产生积极的影响，让你在与行为表现更直接相关的领域做出改变，在评估这方面时，这些因素也应该被积极地考虑进去。

有所为有所不为

在你生活的某些领域，尝试新事物或者说“试试水”是不明智的，甚至是具有破坏性的。这类行为指违背你的品格和价值观并与你努力塑造的美好形象相矛盾的恶习或行为。

这个世界上有很多东西你本来并不想体验或尝试，仅仅因为它们很受欢迎，或者因为你厌烦了固有模式而进行新的尝试。经过一段时间，这些行为会对你想要成为的那种人、你想要完成的事以及你渴望产生的影响带来灾难性的冲击。

别忘记应用

我必须在这里提醒你关于智慧的后半部分定义——应用。你要专注于坚持应用你所从事的富有成效的新事物，不要因为它们令你不舒服、有难度、不受欢迎或不能立即产生效果而抛弃它们。你可能还记得在书的开始部分我曾说过，好胜心使你开始，但心理韧性帮助你坚持完成。你必须坚持新的、富有成效的事情，直到看见结果。还记得弗兰克是如何根据弗朗西斯的建议决定尝试听励志播客来填补他空闲的时间吗？他发现，与浏览新闻和玩社交媒体相比，继续听励志播客更能让他恢复活力、获得激励。

我并不是鼓励你尝试去吃自动售货机里售卖的寿司，最后生病了还每天继续吃它，看看你的免疫力是否提高了。智慧的应用在于坚持你所采取的最有意义的新行动，而不是想干什么就干什么，欺骗自己，让自己相信正在取得进步。尽管你可以尝试，但不能以这种方式欺骗或控制心理韧性的增长，增强心理韧性必须经过时间的沉淀。

作者之见：只有那些敢于冒险的人才可能知道自己能走多远。

——T.S. 艾利奥特（T. S. Eliot）

作者提问：你最后一次尝试新事物是什么时候？你推迟了哪些新事物的尝试，但现在会重新考虑？

7. 从错误中学习

国际商业机器公司（IBM）创始人托马斯•沃森（Thomas Watson）曾用这句话激励他的员工：“如果你想提高成功率，就把失败率提高一倍。”他的理论依据是，如果一个人确实从错误中吸取教训并加以运用，那么他就会更加成功。我们把从犯错中学到的东西转化为成果时，就能把错误的代价变得极小，我们也因此而成长。有的错误，如果你没能从中吸取教训，它们就会让你在一生中不断付出代价，同样地，我们从中吸取到的教训也会在未来几十年里一次又一次地帮助我们。我们与他人分享这些教训使他们也有所提升，那么从错误中吸取教训所得到的丰厚回报会显著增加。

你在人生逆袭日记中评估这方面取得的成绩时，不管你是否从最初的错误中吸取了教训，都必须把你在当天重复犯的错误作为丢分的一个原因。之所以会这样，是因为有时你从错误中得到了教训，但仍然没有按照你吸取的教训去做，这说明你在智慧的应用方面存在缺陷。我们还应该记住，在反复犯错的情况下，我们吸取了教训，但没有应用，那就是显而易见的愚蠢，如果不对此加以控制，愚蠢便会成为我们个人形象的一部分。

提升应用能力，开发知识“核动力”

如果生活中确实有一个领域是需要“两者兼备”，那就是智慧的定义所提到的两个方面：技能、知识的获得及应用。你不仅要应用所知道的有用的或曾经有用的东西，还必须离开你的舒适区，继续学习更好、更有意义的东西，并加以应用。坚持不懈地应用那些已经不再重要的东西并不会帮你确定和实现你的“为什么”，那样的你就像一个会走路、会说话的知识技能库一样，缺乏应用意识。你必须破釜沉舟地追寻你的“为什么”，直到学习和应用的东西有足够的意义，可以实现你的目标。萨尔瓦多·达利（Salvador Dali）说得好：“没有抱负的智慧就像没有翅膀的鸟。”

作者之见：在生活中，知识、技能、经验或才华只停留在知道的层面没有任何意义，你必须利用这些东西去出色且持续地完成一些有意义的事情。

作者提问：说到智慧，你是懒于获取还是懒于应用？你觉得为什么会出现这种情况？你要怎么做才能弥补缺陷？

“制胜”行动指南

生活中，哪些事是你知道该做但实际上没有去做，并因此对你的成就产生了重大的影响？想想都包括哪些方面：财务（预算或储蓄）、健康和锻炼、建立人际关系、精神提升、职场、克服缺点等。列出至少3个方面，然后写下你首先想改变的方面（只从一个开始），你将采取有意义的行动来缩小“想”和“做”之间的差距。

獾男篮逆境事件之十一

2020年1月28日：獾队队长布拉德·戴维森（Brad Davison）停赛一场

獾队已经有一名重要球员被停赛，并且在对阵爱荷华州立大学队的比赛中失去了最后的领先优势，獾队需要新的动力来扭转他们的命运，因为1月留给他们的时间已经不多了。

布拉德·戴维森是球队的队长，但是，对阵爱荷华州立大学队时，因为一个有争议的判罚，他被停赛了，也就是说在下一场比赛中，他将不再跟随球队参赛。现在，獾队少了两名重要球员，他们必须找到办法来战胜密歇根州立大学篮球队，而上次獾队与他们对阵时遭遇了惨败。

我的“制胜”笔记

- 当你觉得生活不公平、感觉自己受到了欺骗，或者觉得自己不走运，你会如何做？
- 你需要做什么才能把注意力从你无法控制的事情转移到下一个要采取的正确措施上？
- 你如何控制自己的情绪，以免不公平的待遇让你感到痛苦或招来怨恨？

第十二章
坚韧：打破困顿局面的重锤

把事做到极致，踏上成功的“捷径”

坚韧被定义为坚不可摧的意志。坚韧的本质就是坚持把自身水平提升到近乎极致的程度。（正因为如此，我曾开玩笑地说这一章是书中最长、最无聊的一章，所以你必须培养更多的意志力才能把它读完！）

在开始讨论坚韧的益处之前，我来揭示一下这种“坚不可摧的意志”是如何具有潜在破坏性的。当坚强的意志用错了地方，尽管有强烈和持续的证据表明它正在阻止你实现你的“为什么”，但该放弃的时候你也绝不改变，你将守护你的舒适区。

当我提及磨炼坚不可摧的意志时，请注意，“磨炼”的意思是使自己完美。因此，你需要预先知道你的坚韧有多敏锐，这样你才能知道什么时候坚持，什么时候改变你的方法或路线——这将与你对目标的敏锐程度成正比。你越清楚自己想要什么、为什么想要它，就越倾向于坚持那些能让你达到目标的自律和原则，放弃那些阻碍你达到目标的东西。

作者之见：如果一个人自信地朝着梦想的方向前进，并努力过他想象中的生活，他就会在寻常日子里获得意想不到的成功。

——亨利·大卫·梭罗（Henry David Thoreau）

7 个关键练就坚不可摧的意志

1. 尽管前方有阻碍，仍坚持正确的方向

在第十章“自律”的第 7 个方面，我提到了“轨道”这个词，首先你必须知道“轨道”是指正确的方向。有时你会时不时地偏离轨道，但伴随进步和成长，你要减少这样做的次数，并要在偏离轨道时更快地回归正轨。

尽管你每天都会面临许多障碍、干扰和紧急情况——有些是预料之中的，但更多则是无法预计的，因此坚持不偏离轨道就需要毅力。在评估这一方面时，不要计算你偏离了多少次轨道，而要看将你拉回正轨的优先事项，不管这件事是与孩子交谈、健身、写一封有效的电子邮件，或完成工作中的一项重要任务。每次回归正轨，你就会建立起精神上的韧性、自信和决心。当挫折持续时，你很容易有挫败感，但直到你感觉到比起在错误的轨道上停留，艰难地回到正确的轨道更不容易时，你才真正被打败了。

作者之见：当生活把你打倒时，你要试着用背部着地。你如果能抬头，就能站起来，找回理智，然后振作起来。

——莱斯·布朗（Les Brown）

作者提问：你能做些什么来消除或减少能控制的已知干扰？你怎样才能在偏离方向后有意识地回到优先事项上呢？

2. 尽管有干扰，仍出色地完成任务

前一个方面关注的是你如何在被干扰的情况下执行正确的任

务，而这一点关注的是你能否出色地完成这些任务，包括在与以前的自己对比的过程中，你是否努力寻找使自己不断进步的方法。

通常情况下，当你遇到挫折或者任务迫在眉睫时，你会很容易随意改变优先级。你知道需要去做，但忽略了一个事实，那就是你不仅要做，而且必须把它做得很好。例如：

- 召开重要会议时，你不能只是主持会议，而是要最大限度地参与和执行计划。
- 你不会在与队友或员工进行指导谈话时，把愉快的谈话放在有效的谈话之前（有时这两个谈话毫无关联）。
- 在健身房，你不会匆匆完成五组训练，只为了把汗流浃背的形象带到举重练习以显得特别卖力气，你更愿意尽力进行每一次重复训练。
- 你不会匆忙而粗心地发出一封思想混乱、东拉西扯、满是语法错误的电子邮件，相反，你的电子邮件是经过检查的，用简练的语言表达了你想表达的一切。
- 你不会为了查看短信而敷衍地与孩子交谈，而是充分参与其中，多听少说。

作者之见：你做任意一件事的方式体现着做所有事的方式，这很重要，会成为你个人形象的一部分。

作者提问：当你的毅力被来自多个方向的干扰和坏消息消磨殆尽时，或者当你在执行多项任务时，日常工作中的哪一项最容易受到马虎或匆忙的影响？在这段时间里，你如何变得更加顽强、更加自律，从而以卓越和持久的精神完成任务？

3. 继续做本不想做的事情

许多人之所以没有培养出坚韧的精神，是因为他们的目标太小了。如果目标门槛很低，你就不会挣扎、产生不适感、遭遇障碍、感到失望和产生不确定性，但它们却正是影响你的坚韧、好胜心和心理韧性发展的因素。在这种情况下，低期望值会成为提高行为表现的最大障碍。你想想对自己或他人期望不够有什么后果：

- 你几乎不需要学习任何新东西，因为你可以用已经知道的东西来实现目标。
- 你没有动力去改变任何事情，因为低目标可以通过按部就班的工作来实现（同样的道理也适用于避免冒险、不愿提升或不愿做出艰难的决定，这些都会影响你的成长）。
- 你无法培养出坚韧的心理，因为低目标不会产生陷阱。但正是这些陷阱让你不得不努力奋斗并长期坚持下去，让你在走错路或被击倒后重新站起来，想出更好的方法。
- 专注、自律和坚持对实现简单的目标来说并不是必要的，所以你对这些方面不够专注并疏于应用，导致你专注和应用的熟练程度停滞或下降。
- 你错过了承担更大风险或实现更大目标所需的拓展自我、改变标准、建立自尊和自信的机会。
- 实现简单的目标会让你觉得自己比实际更优秀。
- 低期望不会激励你去超越以前的自己，因为你已经成功地完成了规定的那一点点任务。

- 你不需要严谨的日程安排，包括建立晨间思维模式和计划你的一天，因为你可以在没有这些的情况下实现你的低目标。

作者之见：对自己的低期望意味着你认为自己很平庸。如果认定自己无足轻重，你就真的成了平庸的人。

作者提问：在生活的哪些方面你有像“扣篮”一样明确的目标？还是你根本不想动脑筋？你必须提升哪些目标的难度来唤醒更多的坚韧，并为战胜不适和努力奋斗创造条件？

弗兰克的选择性坚韧

当弗兰克落后于自己的目标、手头不宽裕，或者像弗雷德这样的人在销售业绩上快要击败他而令他感到尴尬时，弗兰克下定决心要更睿智、更努力地工作，他计划自己的一天、控制态度，最大限度地利用时间、按章办事、每天多走2000米……当他快要拿到奖金或即将超过弗朗西斯的销售业绩时，他也会变得更加坚韧。以上这些情景会让弗兰克暂时觉得应该保持坚韧，在这些时刻，弗兰克会强迫自己做一些他平时不做也不是特别想做的事情，即使他知道应该去做。弗兰克就和别的领域那些很会赚钱的人一样，擅长自己从事的工作，但从来不能称为出色，因为他自身的优点可以让他只是偶尔发挥自己的坚韧，却在业绩上仍然胜过大多数同事。

弗兰克选择性的坚韧是最让他的经理亚历克斯沮丧的地方，因为他看到了弗兰克坚韧时的能力，但他知道弗兰克缺乏好胜心和心理韧性，所以无法让坚韧成为他日常行为的一部分。这也是管理层更欣赏弗朗西斯的原因：尽管她一直是销售业绩第一名，但不管处于任何情境，她都会去做正确的事情，因为她的"为什么"不会让她选择少做一些。

作者之见：坚韧与否在最大程度上决定了你的"为什么"是充满力量还是缺乏力量。

4. 强迫自己去做不愿意做的事

当你不想做某件事的时候，通过成功地强迫自己去做这件事来有意识地培养坚韧性，这样的机会比比皆是。仔细阅读下面的例子，寻找机会来提高你的韧性：

- 继续写你放在一边的书。
- 把你放弃的那本被拒绝过的书再寄给 10 家出版商。
- 下次其他人都在吃芝士蛋糕的时候，你拒绝吃（5 分钟后你会比他们感觉更好）。
- 不要因为害怕伤害别人的感情或不愿独自一人而答应和不是很适合的人约会。
- 不要再拖延了，去打你今天需要打的电话。
- 如果你因为不愿意早起而错过了早晨的锻炼，那么不管你怎么想，今晚都要补上。
- 走出你的舒适区，至少在三个方面提高你的标准。
- 对你一直因有所隐瞒并回避的人说出真相。

- 对他人负责，不管他们是不是你的朋友。
- 今晚不要开电视，开始阅读你 6 个月前买的书，它已经在你的书柜里待了很久。

可以说，你做到这一切并不容易，但都是值得的！

作者之见：在狗与狗的一场打斗中，起决定性作用的不是两只狗的体型大小，而是看谁坚持的时间更长。

——马克·吐温（Mark Twain）

作者提问：你的“为什么”有多么明确？它和你的坚韧有什么联系吗？如果有，你能做些什么来让你的“为什么”变得更加强烈且坚定，以至于“你每天都无法坚持”这种情况永远不会出现？

5. 在追求目标时不接受失败

在培养和评估这方面时，请记住：失败不同于干扰、紧急情况或其他障碍。与其他情况相比，失败有更大的终结感和被拒绝感。请看以下示例：

- 没有找到工作或被解雇了。
- 没能加入最想去的团队。
- 在 2 周内没有减掉 1 千克，却增加了 4 千克。
- 在乎的人甩了你。
- 和你关系最好的顾客从别处购买了同样的商品。
- 银行拒绝了你的贷款申请。

- 梦想中的约会对象从未给过你机会，还拒绝了你。
- 精神或身体上的疲劳已经超出了你的承受范围。
- 升学考试不及格。
- 武术晋级考试不及格。
- 驾驶证没考下来。
- 创办的企业必须申请破产。
- 医生说你还能活 1 年。
- 商业决策失败了。
- 向朋友求助，但没有人帮你。
- 家人与你断绝了关系。

当失败挡在你和目标之间，而且你朝着目标更近一步似乎特别困难时，在精神上重整旗鼓，从中吸取教训，然后再试一次，这次的目标是创造一个更成功的结果，不要让失败变成永恒。

作者之见：当精神坚强的人碰壁时，他们不会倒在地上、一蹶不振，而会触地反弹、勇往直前。

万物皆有季节

“不接受失败”等同于退出或放弃？事实上，确实如此。如果你正处于一段受折磨或让你感到痛苦的关系中（比如：你被困在一家没有晋升机会的公司里，或者这家公司的企业文化背离了你的价值观，你已经想尽了办法去适应，但仍然无济于事；你在某人身上投入了相当多时间，但他仍然不愿意改变自己），那么你必须考虑，也许是时候结束现状，继续前行。

然而，建立有意识的心态的目标是这样的：你不会放弃那些仍然有希望的人或事，也不会放弃对实现你的“为什么”至关重要的事情。你不要仅仅因为困难、花费了太多时间、感到气馁、真的搞砸了，或者觉得自己还不够好就放弃这些努力。事实上，这正是你必须坚持并保持坚定的时刻，因为它们提供了无与伦比的机会，让你成长、重获自信、培养谦逊等优秀品格、集中注意力、增强自律、养成新习惯、积极承担个人责任、加速提升好胜心和心理韧性至“弗朗西斯”的水平。

作者之见：克服困难比放弃困难还难，但有时更难的是成为轻易放弃的人。不论何时，“逃避者”这个标签都是你挥之不去的梦魇。

作者提问：在以往的生活中导致你放弃目标最常见的失败原因是什么？困难的程度、花费的时间、被拒绝、缺乏支持、没有准备好、不够优秀、缺乏自信、没有资源或关系等等。回想一下，本可以采取哪些有效的措施来避免失败，并从中学习以提高你的坚韧性？

6. 对批评和拒绝不以为意

在我们位于加州阿古拉山的公司办公室，有一块匾额，上面刻着 UNFAZED（无所畏惧）。一走进公司，我们便会看到它。在某一年的 11 月，我们所在的地区突发火灾，只差 2000 米就将烧毁我们的办公室，互联网和电话服务中断了两周。在这些困难和干扰中，我们团结一致，在可以控制的范围内加倍努力，克服随处可见的困难，当月是我们全年收入最高的月份。当时，我们受到鼓舞，所以就提出了这一口号。

Unfazed 的意思是无所畏惧、毫不退缩、不沮丧、不惊慌。想要变得坚韧并保持坚韧，你就得一路忍受着批评或拒绝，直至变得无所畏惧并坚持到底。

“无所畏惧”是我在 2018—2019 赛季向威斯康星州立大学獾队提出的一句口号，第二天他们对阵分区竞争对手密歇根州立大学篮球队。在同一次会议上，我向球队球员教授了“红腰带思维”，并给每个球员发了一条有象征意义的红腰带，还有《为什么工作》手册和我的书《势不可挡》，并要求他们阐述为什么打篮球、在生活中为什么而奋斗。

獾队一直步履维艰，受到粉丝的批评和媒体的抨击。这支球队需要一种无所畏惧的心理韧性。他们在麦迪逊的主场对阵全国排名第二的密歇根州立大学篮球队，该队在之前的 32 场比赛中只输过一场，赛季战绩为 17 胜 0 负。獾队败北的传言被击破，因为当密歇根州立大学篮球队当天下午离开威斯康星州时，这支拥有 17 胜 1 负战绩的队伍在具备“红腰带思维”的獾队手中损失了 10 分，这真是令人震惊。

作者之见：当别人说你已无可救药时，你要努力证明他们说的都是谎言。

如果没有有意识的心态，批判者可以随意控制你的态度、热情、专注、激情等等。他们会耗尽你的精力，使你对自己产生怀疑，扰乱你的日常计划，摧毁你的坚韧，并且在你内心种下压力、怨恨、痛苦的种子。一些批判你的人甚至变成仇视你的人，他们根本不看你的行为表现，就对你进行人身攻击，散布谣言或传播八卦，给你贴标签。他们不仅贬低你的成就，还贬低你的品性。这些人有时甚至是陌生人，你不认识他们，甚至从未听说过。他们可能出现在社交媒体上、职场中，或者在自己的家里。如果你把自己的心态交给批判者，他们就会在你脑海中搭起恐怖帐篷，免费盘踞在你心里，控制你，占有你，在没有身体接触的情况下打败你。以下是 6 条建议，可以帮助你更理性地看待批判者：

- 并非所有的批判者都是一样的，你可以从合理的批判中学习，因此，你不应该草率地反驳所有的批判。有了正确的心态，你就可以利用批判者和他们的言论或思想来提高自己。
- 无论你做什么，有些人都不满意，你得学会接受这一点。
- 别人所说所想并不能定义你是什么样的人，除非你允许他们这样做。
- 你一旦与他们进行辩论或互动，尤其是在社交媒体上，就是给予了他们控制你的时间、影响你的情绪的机会。
- 培养一种默认的行为，成为你早晨建立每日心态的时候要回顾的一部分内容，目的是建立强大的心态来对抗不公正的批评。我有两个广泛应用的默认行为，对我来说尤其合适："它们不重要"和"我选择为它们喝彩"。当我受到不公正的批评或仇恨者的攻击时，这两个多年来在我的脑海中根深蒂固的想法有意识地将这些默认的行为与我的心态相连接，并提醒我时刻保持洞察力。

- 批判者常常心怀嫉妒，他们攻击那些他们想成为的人，或者那些人做了他们想做的事。他们不一定恨你，他们恨自己不像你，不能做你做的事，不能拥有你拥有的东西。

被排斥、被忽视、拒绝、被冷落、抛弃，这些统统与你无关——不管它们是否关系到你的想法、努力、情感或对和解的尝试。如果被拒绝让你痛彻心扉，那就用这种痛苦来强化你的注意力，明确你的“为什么”，加深你的决心，增强心理韧性，并在你重整旗鼓后准备再次出击的时候磨炼你的好胜心。每个人都会遭受拒绝，但让你与众不同的是，你选择让它对你有怎样的影响：你想让这件事仅仅发生在你身上还是为了提升你的水平而发生。你要么成为一件事的受害者，要么踩着它走向胜利。如果有必要，你可以撇一下嘴、抱怨一下，但之后要总结教训，使自己变得比以前更强大、更睿智、更优秀，然后再次出击。

作者之见：我不在乎你怎么看我，我一点也不在意你。

——可可·香奈儿（Coco Chanel）

作者提问：通常什么会让你变得不安，让你失去专注力、打破你的坚韧？你能事先建立一种自我肯定，让自己的思想坚不可摧、对这些因素毫不动摇吗？

7. 自我鼓励

每个人都有自言自语的时候，而你对自己说的话会极大地影响你的行为。这时候你会对自己说什么？是坚持不懈还是主动投降？

是充满信心还是妥协？是干劲十足还是早早宣告失败？通常，无意识的自言自语随处可见，它们可能令人灰心丧气，也可能会自我毁灭。以下是消极自言自语与积极自言自语的对比：

- “我永远也搞不懂。”更好的说法是：“我会想出办法的。”
- “我要破产了。”更好的说法是：“这些只是教训，并且我将吃一堑长一智，自己走出困境。”
- “下一个被解雇的就是我了。”更好的说法是：“我要变得有价值，让他们无法解雇我。”
- “我从来没有一次就做对。”更好的说法是：“这次我会做对的。”
- “我就是不够好。”更好的说法是：“我没有达成目标，但是我进步了。”
- “没人想和我在一起。”更好的说法是：“我可以提供很多东西，合适的人值得我等待。”
- “我永远不会改变。”更好的说法是：“我能改变，我也会改变。”
- “我从来都不够优秀。”更好的说法是：“我决心变得更优秀。”

要注意，消极的自言自语会让你产生顾影自怜的受害者心态，或让你充满傲慢情绪。虽然部分消极说法可能有一定程度的真实性，但对于建立一种有意识的心态是无益的，并且会耗尽你的好胜心和心理韧性，因为它们散发着自怜和自负的气息，如下例句：

- “我应该得到更多的奖励。”
- “这不是我的错。”
- “我没时间做这件事。”
- “我应该得到比现在更好的东西。”

作者之见：这个世界给你的负面声音已经够多了，不要在意，也不要生气。

作者提问：你是否会在早晨的时候做出决定，让自己提前做好心理准备，并坚持不懈地度过逆境？你还会专门为这个目的做什么？

树立“不放弃”心态，突破能力局限

有多少次你错过目标，不是因为它不值得，而是因为在达到目标之前分心、疲惫、沮丧或决定放弃？

有多少成功是因为你一开始就决定永远不会选择放弃，然后努力去实现的？

无论哪种情况，结果都取决于你所做出的决定。没有达到目标不仅仅是运气不好，达到目标也不仅仅是运气好。正如在第四章“镜子法则：升级决策力，突破人生迷局”中所讨论的，当被困在一个漫长而艰难的事情中，你可能不知道如何或何时才能完成，你只需要考虑下一步该怎么走，选择迈出那一步，然后重复这个过程。

作者之见：我告诉你我实现目标的秘密，我的力量仅仅来自我的坚韧。

——路易斯·巴斯德（Louis Pasteur）

“制胜”行动指南

你已经开始做但还没有完成的至少 3 个有价值的行为是什么？如读 1 本书、锻炼、早晨心态训练、在特定时间起床、健康饮食、上在线课程、取得大学学位等等。选择一个你最遗憾但仍然有可能成功而且想重新开始做的事情，然后决定何时以及如何去做，列出第一步之后快速完成。

獾男篮逆境事件之十二

2020 年 2 月 5 日：明尼苏达州队以 18 分的优势击败獾队

在经历了 1 月的一系列挫折后，獾队可能会在 2 月强势开局，战胜他们的对手明尼苏达州队，为 3 月的比赛奠定基础。

在比赛开始之前就有消息传出，深受獾队爱戴的体能教练埃里克·赫兰德（Erik Helland）没有随队前往明尼苏达，因为他正在接受调查，原因是他与 4 名獾队球员的私人谈话中有冒犯他人的攻击性措辞。他在谈话中讲述了芝加哥公牛队球员对獾队的赛前咒骂，这是他和公牛队教练组一起工作的时候听到的。獾队很快就在这场异常艰难的边境州之战中尴尬地输掉了 18 分。

我的“制胜”笔记

- 你怎么能避开这世上所有消极的新闻、垃圾信息和垃圾电话而专注于手头的事情呢？
- 当你所爱的人面临的处分悬而未决且超出了你的控制，或者当你所爱的人显然受到了不公平的对待，你该如何帮助他？
- 当你累了或者有对你不利的事情发生时，你如何从逆境中恢复过来？在这种情况下，你如何预防受害者心态的产生，并把劣势转变为优势？

第十三章

精力：成事者的“驱动盘”

做好平凡的事，为精力无限“续能”

人们通常只把精力与身体活动联系起来，这个想法排除了与精力有关的心理成分，其实，精力指持续的身体和精神活动所需的力量和活力。下一章会讲到驱动力提升你初级的好胜心，是激励你实现目标的工具，而精力是你完成一件事的动力。它为身体提供了足够的耐力，让你在一段时间内保持高效、保持专注、保持投入，这样你就可以在这个过程中清晰地思考和执行任务。为了达到这个目的，你有必要更有意识地管理身心的精力，从早上的思维习惯开始，贯穿每天的行为习惯、挑战、目标、任务和机遇。

作者之见：没有精力的驱动力能让你很快开始，但会以失败告终；没有驱动力的精力则难以持久。

弗朗西斯的秘密

弗兰克看见朝他走来的弗雷德吓了一跳。他和弗雷德关系不错，但他也知道和弗雷德在一起通常不会有什么收获。

“她的秘密是什么？”弗雷德问。

“谁的秘密？”

“弗朗西斯。”

“什么意思？”

“她总是活力满满，早晨、中午、下午都是如此，月初或月底也没有什么区别，她总有用不完的精力。”

这是弗兰克记忆中弗雷德第一次以近乎赞赏的方式谈论弗朗西斯，而不是攻击她。“你知道吗，有一次我自己问过她，”弗兰克说，“她说了3个原因：‘为什么’、‘水’和Lever。”

弗雷德的脸上露出了困惑的表情，就像他衣领上的洋葱酱渍一样清晰。“什么？‘为什么’、‘水’和Lever？这到底是什么意思？”他问。

“你不记得在那次会议上，管理层让她解释她是如何保持积极性和坚持不懈的吗？她解释了她的‘为什么’就是她的目标，以及她做这些事情的原因是什么，她说她每天早晨上班前都会把这些内容重复一遍。”

“我好像记得，但我压根儿没理会她，因为那听起来莫名其妙，像是一堆煽情的胡言乱语。”

“嗯，这对她而言一定有用，她甚至向我们展示了她保存在电脑上的‘为什么’清单，内容相当广泛，被分成了5类……”

“那就是我看不惯她的地方。”弗雷德打断他说，“她的做法似乎有些极端、有些过头了。”

“也许吧，但她取得的成果很难让人反驳。”

“关‘水’什么事呢？”

“水合作用。”弗兰克回答。“她说她醒来后做的第一件事就是喝1 000毫升的水。”

“我喝咖啡。”

“她也喝，但要先喝完水。”

“她告诉我她读过一篇文章，说每个人早晨醒来时身体都缺水，这就是为什么早晨人会感觉迟钝，所以，早上第一件事就是喝水来补充人在睡觉时失去的水分。我采纳了她的建议，这很有用，我感觉清醒得更快了。不过，我白天确实需要多喝点，她基本上1小时喝一瓶矿泉水。”

“我只需要几瓶红牛，就做好工作准备了。那么，Lever是什么意思呢？”

“那是她在网上买的一种高级营养饼干，当成零食吃，有时也当正餐吃。她给了我一些，很好吃，燕麦饼干是我的最爱。”

“简直在胡说八道！你是在告诉我‘为什么’和‘喝水’使她成了销售狂人？算了吧，肯定还有别的原因。”

“别忘了营养饼干，弗雷德，你喜欢的墨西哥卷饼、甜甜圈还有红牛对你一点用都没有。你吃的东西会影响你的感觉，我的意思是，你不会把低级汽油放进法拉利，对吧？”

“不会，但是……”

“所以，你不能整天往肚子里塞垃圾，还指望自己能变得敏锐。而且，她说那些就是关键，我相信她，要知道……如果她是个‘怪人’，那她就是自己精心打造的‘怪人’，尽管她每天做的这些事情很简单，但我在销售记录上还是没能打败她。”

“随便你怎么说吧，对我来说，这些听起来都很牵强。不过，说到食物让我感到饿了，我要去买个月亮派（一种甜点）吃，你要带点什么吗？”弗雷德问。

“我这个月要打败弗朗西斯。请给我带一瓶水。”

作者之见：培养和保持更高水平的精力不是去做多么卓越的事情，而是把每一件平凡的事情做得非常好，而且每次都坚持如此。

对于培养 ACCREDITED 理念中涉及的许多方面来说，你做什么和你不做什么都一样重要，而意识性在执行有益的事情和避免无益的事情方面发挥着重要作用。如果你没有足够的精力，好胜心就会减弱，心理韧性也会下降。而增加你的精力，就会激发你在人生中所有重要领域里的好胜心和心理韧性并保持下去。

7 个关键开凿精力“蓄水池”

1. 通过建立并保持每日心态来增强精神力量

建立并保持你的每日心态是一个反复出现的主题，因为你的心态决定了你是否做了最有效的事情，做得有多好、多频繁，以及是否在不想做的情况下还是做了这件事。如果在早上养成了有效的思维习惯，并且一整天都在加强和巩固思维，你就会得到很高的分数。

作者之见：健康的心态永远不会结束或固化，它就像一个花园，需要不断地除草、播种和浇水，以免被杂草、疾病、虫子和外部因素破坏。

作者提问：当你一早就将时间和精力投入到一件事中而不是沉浸在网络媒体上，那么你会在精神活力、动力和关注力方面感到不同吗？如果晨间思维习惯不能再带来精力，你会调整它、提高它的标准，让它保持最佳意义和效果吗？

2. 不参与那些消耗精力的晚间活动

人们常说起床时容易心烦意乱，但实际上，起床气是睡觉前就形成的，这些原因包括睡眠太少或睡眠质量差、深夜吃零食或酗酒、睡前发生争吵或在社交媒体上辩论。睡觉前最不应该做的事就是看新闻，不应该在休息时间让潜在意识吃垃圾自助餐。睡眠不仅让你的身体得到休息，也让你的思维得到休息。睡眠质量越高，需要的睡眠就越少。

想要轻松结束一天，做一些很简单的事情就够了：

- 晚上填写感恩日记，列出当天所有顺利的事情。
- 培养一种自律：与伴侣分享欣赏对方的 3 件事。
- 运动。
- 参加提升精神世界的课程。
- 听或读一些鼓舞人心的东西。
- 就寝前的最后几小时禁食。
- 确保睡觉前喝足够的水，因为睡觉会丢失水分。

作者之见：与其高调地开始，不如好好地完成。

作者提问：当你想要给一天画上完美的句号时，你是否足够用心？你能做什么或者应该停止做什么，加强这一重要的自律以有效地管理你的精力？

3. 在生活的各个方面都有很足的精力和高参与度

你如果被自己明确而强烈的“为什么”所激励，就会做得更好，“为什么”包括生活中多个方面的目标：运动锻炼、家庭、社交、职场、爱好、精神、个人成长等。此外，当你开始改进你的策略，就像第九章所讨论的“当努力和睿智相互促进共同工作时，就不会为了弥补耽误的时间而在工作上投入额外时间”，你将有更多的时间来充分和积极地参与以上提到的那些方面。这又一次说明了ACCREDITED理念中的10个要素是如何互相产生积极或消极影响的，这取决于你在每个方面的进步和坚持。

作者之见：单一的卓越或成就最终会让人感到浅薄、空虚和不满足。

作者提问：在生活的哪些方面你必须多做重要的事情来提高行为表现以减少精力的浪费，把更多精力保存下来，明智地投入到其他重要的生活方面？为了实现这个目标，你会特地做些什么呢？

4. 一直把注意力集中在重要的任务上

这一点适用于你所在的任何场合：职场、与朋友交谈、写论文、在健身房、倾听伴侣说话、读书、上课等。努力掌握了这一点，你就能在生活中任何重要领域最大限度地利用身心的精力。

在生活的各个方面投入正确的精力，稍加改进，就能给你带来加倍的回报。同样程度的松懈则会造成危害和让你感到疲劳，对你造成双重打击。

努力掌握全身心投入的艺术，无论发生什么事，都要真正参与其中，这是一种值得的、令人充满成就感的做法。全身心投入到正在做的事情中时，你会感觉自己更有活力，同时减少了压力，也减少了精力的损耗，它会让你对一天、对这个世界、对自己或生活感觉更好。然而，追求这种水平的全身心投入从未像现在这样具有挑战性，因为它与日益增长和无处不在的干扰相竞争，这种干扰是由科学技术所产生的，每天都在不断地吸引你——无时无刻不在争夺你的注意力和精力。

作者之见：对于让你分心的事物，你拒绝它们的诱惑是一种自律。

作者提问：你的身体什么时候想去某个地方而精神却倾向于去另一个地方？必须停止做什么才能把你的精力更充分地投入到手头的任务或生活中？你将如何增强意识，从而清楚执行该任务的必要性？

5. 身体疲劳时，选择坚持而不是在工作时间休息

精力的第 5 点与第九章“努力：努力成就睿智，睿智推动努力”讲述的内容紧密相关。它是关于约束自己，把精力始终集中在当下最重要的任务上。工作中总会有身心疲惫的时候，那就去习惯它。为了成长和进步，利用这些时间来提高你的标准，坚持不懈地建立精神上的韧性，让自己每天的生活都被强烈的“为什么”所驱动，将该做的事情做完。

根据热动力学第二定律，事物会自然地趋于缓慢，除非施加外部能量，否则它们不会继续前进或上升。你一定要把精力用在想要“前进或上升”的生活领域，不要将它们放任自流。

限制休息时间

上午9点，所有销售团队都打完卡，开始了一天的工作。亚历克斯每天早上都会进行例行检查，检查每个团队成员当天与客户的预约情况。说完弗兰克，他走到弗雷德的桌子前，而弗雷德刚吃完一个甜甜圈，还喝完了一瓶红牛。

"弗雷德，你已经在休息了吗？"亚历克斯问道，"现在才早上9:15。"

"不，我通常10点左右休息。为什么这么说？"

"你一到公司打卡上班就意味着我们要给你发工资，而你工作的第一要务是吃饭？"

"我饿了。"弗雷德哀叹道，"我在家总是没有时间吃早餐。"

"那就早一点起床或把事情安排得更有条理，这样你可以在上班之前吃早餐。弗雷德，来这里的目的就是工作，你有两次10分钟的休息时间，还有整整1小时的午餐时间，你一天工作8个小时，其中有3次机会吃东西。早饭的话，要么在家吃，要么在第一个休息时间吃。你如果没有优先把工作以外的事情安排好，是无法完成工作的。我这样说，你能听懂吗？"

"我觉得你在小题大做，亚历克斯，你把我当小孩子看。"

"不，你在本该工作的时间不工作，还表现得不像专业人士，但我仍把你当作专业人士看待。你不得不加班来完成任务的一个原因是：在正常的上班时间，你没有把精力投入到正确的事情上。今天就是一个很好的例子。我说得更清楚一点：你可以错过吃一顿饭，但不要错过你的工作重点。"亚历克斯转身离开，随即又转过身说："弗雷德，你知道，如果你错过每天的甜甜圈，你可以活下来，但如果一直错过工作中的优先事项，你将无法在这个行业中生存。”

弗雷德擦去下巴上的巧克力，从桌子上拿起第二个甜甜圈，用餐巾纸包好，塞进抽屉里，然后去迎接一位无人帮助的顾客。他希望那位顾客不会花费他太多时间，因为他不知道餐巾纸和抽屉能不能让他剩下的早餐新鲜如初。冰镇巧克力甜甜圈是他的最爱，他要把它留到最后吃，希望在早上10点吃完墨西哥卷饼后，他的甜甜圈仍然很好。

作者之见：如果把宝贵的精力和时间误用到不那么重要的事情上时，你虽然可以调整自己，把以后的事情做得更好，但你不可能重获永远失去的东西。

作者提问：你是否经常在工作时把精力错误地投入到了不该投入的地方，以至于在本该工作的时间里却没有工作？“这里2分钟”“那里5分钟”，如此1天、1周、1年和整个职业生涯的累计给你造成的损失，你能理解吗？同样的道理，浪费的精力是如何对生活各个方面产生负面影响的，你是否已经意识到？你将如何解决这个问题？

6. 避免浪费精力

浪费精力指将精力投入到一些不能给你带来最优回报的事情上。显然，这些事情涵盖了大量内容，其中大部分已经在前面的章节中讨论过了。因为每天你都有大量的浪费精力的机会，所以也有同样的机会来改进。以下是常见但又不得不提的例子，可以帮助你了解浪费精力的陷阱有多少。

- 对新闻媒体沉迷或过度关注。
- 无意义的电视、广播和网络游戏。
- 在社交媒体上与他人争论。
- 焦虑。
- 执行本该委派给他人的任务。
- 在优先事项未完成的情况下忙于琐事。
- 生闷气。
- 试图改变那些不想改变的人。
- 阅读线上、线下或其他地方的“垃圾”出版物。
- 缺少道德。
- 总想做最后的总结陈词。
- 睡懒觉。
- 琐碎的、牢骚满腹的、八卦的、投机的或其他没有成效的谈话。
- 不健康的食物或饮料。
- 评价他人。
- 路怒症。
- 试图控制无法控制的人或事。
- 责备他人、为自己找借口。
- 嫉妒。
- 关心同事们在做什么或得到了什么。
- 因不顺心的事情而生气。
- 自负地标榜自己永远是正确的。
- 寻求回报或试图得到平衡。

- 操纵他人。
- 撒谎和欺诈他人。
- 把第一次没做对的事情再做一遍。
- 因为期望不明确而与别人提出了一样的问题。
- 有责任让每个人各司其职。
- 不吸取教训，重复同样的错误。
- 不做笔记，之后还得再问一遍。
- 盲目猜测发生的可能性不大的事情。
- 怨恨。
- 由上述任何一种或所有原因带来的压力和紧张。

虽然这些例子还不够完整，但它们构成了一个令人瞠目结舌的画面，如果没有敏锐的意识帮助你避免这些陷阱、更快恢复原状，那么你会很容易浪费精力进而偏离轨道。

作者之见：微小的漏洞如果不加以控制，就会成为人生中错失机会的巨大漏洞。

作者提问：在你的生活中，哪些浪费精力的现象已经持续了太久，以至于让你在充分发挥潜能的道路上困难重重？从今天开始你会怎么做？

7. 吃让人充满活力的食物，并使身体保持充足的水分

数据、论坛、期刊、医生、营养专家和畅销书都支持我们吃健康的食物，以使自己精力充沛。我们知道该吃什么，不该吃什么，

什么能提高活力，什么只能提供暂时的满足，什么从根本上只会消耗我们的能量。但是，正如我们在“智慧”章节中所发现的，“知道”只是智慧的一半，要掌握智慧的另一半，还必须“做”我们知道的事情。

相对而言，人们很少注意到水合作用的重要性。当评估和改善因缺水而造成的精力不足时，要特别注意这个被低估的日常习惯。是的，水合作用依靠自律，很容易被忽视，要和健康饮食一样被重视。

作者之见：不要误认为平淡无奇的事情不重要。

缺水指的是体内水分减少至对身体有危害的水平。身体出现缺水现象是由于液体负平衡造成的，即流出的水比流入的水多。当你的身体处于这种状态时，你的精神和身体都会受到影响：

缺水会使血液变稠，因此器官必须更努力地工作，消耗更多能量。水合作用能让器官更“睿智”地工作，而不是更“辛苦”。

缺水会使血压升高，引起头痛、易怒、短期记忆丧失、焦虑和疲劳等症状。喝的水越多，这方面的烦恼就越少。

20% 的肾结石是由缺水引起的。最好选择自律地喝水，而不是得病之后再后悔。

根据一项研究显示，3000 余名随机对象中 75% 的人是缺水的。基于此，保持充足的水分会让你比大多数人有身体优势。

缺水是中午感到疲劳的主要原因。要喝水，而不是红牛。

人在感到口渴时，已经缺水了，人体只需要1%到2%的净水分流失就能引起口渴。提前喝水、经常喝水胜过口渴后再喝。

乘坐飞机时，高达50%的干燥空气是从高海拔地区带来的，这会让你缺水。事实上，相比于缺水引起的时差反应，几小时的时差所带来的影响要小得多。

缺水的症状：无法排汗、皮肤干燥、口臭、尿色深、每天排尿次数少于6次。症状很明显，解决办法也很简单——喝水。

喝了很多水后仍然有可能缺水。咖啡因、酒精和能量饮料要适量饮用，因为里面的成分会妨碍喝水训练，而水则应尽可能多喝。

水合作用可以促进新陈代谢。冷水在这方面尤其有效，因为身体需要消耗更多的能量来加热冷水。

睡觉会流失水分，所以醒来时会缺水。醒来后喝500到1000毫升的水可以让你早上充满活力。在早上不喝水的情况下摄入咖啡因会让你的身体进一步缺水，也会让你感到昏昏欲睡、无精打采。因此，许多人抱怨“我不是适合早起的人”，原因可能是缺水造成的。如果早上的口气能把一只秃鹰从粪车上熏下来，那就把瓶装水放在床边，脚一着地就喝下去（这样做也可以改善生活中的人际关系）。

作者之见：“在飞机上多喝水，这个建议改变了我的生活习惯！”我的朋友同时也是NBA技能教练菲尔·贝克纳（Phil Beckner），在练习了我推荐的乘坐飞机时每小时喝500毫升水的方法之后说。

优化饮食，打通你的精力运输网

现在，培养一种有意识的心态，坚持不懈并有目的地使饮食保持自律，会对你每时每刻的精力水平产生深刻的影响，这一点并不奇怪。消耗精力，补充精力，并计划好如何消耗精力，不仅对身体健康有好处，还会让你感觉更好，因为你的警觉性、耐力、专注力都在增强，所有这些都是培养心理韧性和好胜心的必要组成部分。

作者提问：你的日常饮食习惯会让你充满活力还是消耗你的精力？在睡觉之前你是否有意识地喝水？你早上通常喝什么？它会给你补水还是让你更缺水？

“制胜”行动指南

当谈到消耗、补充和计划使用日常精力时，目前的习惯在生活中的哪个方面阻碍了你？试着找到至少 3 个方面，并制订一个简单可行的行动计划来解决你的痛苦。

獾男篮逆境事件之十三

2020年2月5日：6场比赛连输4场

在最糟糕的时刻，獾队惨痛输给对手明尼苏达州队，至此，赛季只剩下几个星期了。

几周以来，球员和教练都承受着越来越大的压力，迫使他们要振作起来，以强势姿态结束这一年。但在赛季末的6场比赛中，獾队输掉了4场，这给唱反调的人提供了新的证据，即獾队在本赛季注定要以失败告终。

我的“制胜”笔记

- 当留给你实现目标的时间所剩无几，而其他人还在怀疑你或批评你时，你如何能坚定地相信自己？
- 当你在理智和情感上都选择放弃的时候，你怎么改变自己不再继续这样？
- 在遭遇痛击后，你怎么才能在最后一秒找回有利形势来完成比赛？
- 你是否怀有这样一种念头：将自己所忍受的痛苦转化为珍贵的回忆？

第十四章

驱动力：燃烧热情，化理想为现实

善用内外驱动，让人生势不可挡

差一点就成功了！你已经快完成 ACCREDITED 理念中关于驱动力这一章节了。是驱动力促使你坚持到现在，还要靠它接着看完余下的部分，所以，让我们继续前进！

一个“有驱动力的人”是这样的：他的驱动力来自内心，他每天朝着自己的“为什么”前进。而“被驱动的人”则必须被外部力量以刺激、哄骗、贿赂、威胁或其他方式激励着才能前进。这两种人的主要区别在于他们的“为什么”的力量存在差别，这不足为奇。

驱动力可以被认为是基本的好胜心，好胜心激励你寻找或创造机会，而驱动力则促使你抓住机会，尤其是那些扑面而来的机会。但一个人很少能以一种可持续的方式，一举从被动状态直接转变为争强好胜状态，驱动力是迈向这个目标的第一步，也是必要的一步。

以下是需要评估和提升的驱动力的 7 个方面，以巩固你的基础动机，并使你在好胜心和心理韧性方面获得更高水平的增长，以实现你的“为什么”。

7 个关键维持“高效益”人生

1. 做高质量的工作来完成“为什么”

如果在建立日常计划的时候回顾一下你前一周的“为什么”，你可能已经注意到，在上周的日常计划中，有几天你注意力分散或心事重重，并生搬硬套、仓促草率地建立了日常计划。这种情况发生，就说明你没有将你的“为什么”的每个组成部分形象化并加强你们之间的情感联系，你错过了它们所带来的影响，而这种影响会让你从仅仅阅读你的目标变成看到它、感受到它，略读一遍与看到并感受它之间的变化会使你的驱动力增强。

作者之见：把你的“为什么”从头脑转移到内心是必须的，它是燃烧动力和能量的催化剂。

弗雷德醒悟了

弗雷德在弗兰克的桌旁等着，“你上哪儿去了？”弗雷德问。

“我在男厕所，需要向你汇报吗？”弗兰克怒气冲冲地说，“多喝些水不仅能补水，还能让你不停地运动，我需要一张离厕所近一点的桌子。”

“我仍然不能接受水合作用的说法，弗兰克，但我想知道更多关于‘为什么’的事情，你写下来了吗？我想把它记下来，用它作为我的标准，早上读一遍，让自己继续进步。”

“我的‘为什么’是什么并不重要，弗雷德，”弗兰克回答，“这是个人的，与自己相关，没有对错之分，你的‘为什么’与你和你的生活有关。”

弗雷德以一副圆滑又老练的受害者姿态回答：“但我甚至不知道从哪里开始。”

“听着，弗雷德，你应该像我一样去和弗朗西斯谈谈，她可是这方面的专家，她甚至制作了一本‘为什么’工作手册，上面记录了她所有的‘为什么’。”

“我觉得弗朗西斯不太喜欢和我说话。”

“那不是真的，弗雷德，我看到她很想帮助你，可你好像不喜欢跟她说话。”

“找一个女人帮忙有点尴尬，尤其是我在这里的时间比她长。”弗雷德承认道。

“弗雷德，让你难堪的应该是你张嘴就说出刚才那种蠢话，你在这里待了很久，但你的业绩并没有更好。放下你的骄傲，去问问她是否有时间给你解释一下关于‘为什么’的事情，我就是这么做的。5分钟后我还有个约会，所以我需要准备一下。”

弗雷德目送弗兰克匆匆离去，他受够了别人居高临下地和他说话。他可能不是团队里表现最好的，但也不是最差的。弗雷德想，要是这些家伙看到的我还是高中时期的足球明星，他们就会更尊重我了。他害怕向弗朗西斯这样的人求助，在他看来，她在生活中经历了那么多事情，不可能比他表现得更好。弗朗西斯是单亲妈妈，有需要治疗的孩子，她还是正在戒酒的酒鬼，有一个烦人的前夫。但弗雷德的工作或者说他的整个生活缺少了一些东西，他知道这一点，他妻子也知道这一点，每个人都知道！也许“为什么”会对弗雷德有帮助，当然，反正不会有什么坏处。他厌倦了随波逐流、浑浑噩噩，只得到像残羹剩饭一样的一点成就，他也不再年轻了。弗雷德看见已经吃完午饭回到公司的弗朗西斯后，马上朝她走去。他决定今天不去麦当劳吃传统的周一点心了，如果有必要的话，他会花时间思考他的“为什么”，是时候向她寻求帮助了。

作者之见：你如果不迈出第一步，就走不出第二步。

作者提问：如果你的驱动力水平在生活中的任何方面都不稳定，比如运动、职场、与家人相处等，那么需要修改或添加你的“为什么”的哪些方面以便让你有更多的理由成为有驱动力的人？你的“为什么”的哪些方面可以让你变得更有驱动力而不是停滞不前？

2. 把关键优先事项当作“加油站”

当你在某天中偏离轨道时，你的驱动力就会减弱，解决办法是把少数几个关键优先事项当作“加油站”。一旦你偏离了轨道，“加油站”会给你一个回头的机会，防止你在当天偏轨或不至于偏轨太久。希望你在读到本书的这部分内容后，可以每天都能选择并检查你的“加油站”是否足够充分。你必须凭借驱动力去做一些有意义的事情，而每天的“加油站”为你提供了目标。

作者之见：精心引导的驱动力可以创造坚持不懈的精神，并促进目标实现。

作者提问：你已经开始每天发现、安排和回顾那些回报率高的活动了吗？你是否有意识地时刻准备着做那些高回报率的任务？

3. 不需要外部激励

如果你还在等待额外的经济激励、别人的支持鼓励或其他形式的外部激励来促使你前进，这表明你的驱动力还有很大的进步空间。能否获得外部激励不是你能决定的，如果依赖于外部激励，就是把驱动自己的钥匙交给自己无法控制的人和事，这是导致个人能力得不到加强的原因。

毫无疑问，受到注意、得到称赞、获得奖励、收获掌声或肯定是很好的，但它们不应该是你得到动力的必要条件。以下是与驱动力水平相关的 10 个关键点：

驱动力与工作息息相关

- 驱动力必须从内心开始，你需要建立更有意识、更专注的心态，从内心滋养和维持驱动力。
- 当驱动力减弱时，你必须迅速恢复。
- 你有义务让自己避免接触那些会耗尽精力的人和事。
- 有一个值得为之奋斗的“为什么”时，你的驱动力就会被激发。
- 当决心每天与以前的自己竞争时，你的驱动力就会持续不断地涌现出来。
- 必须每天管理好自己的驱动力，并用于最重要的人和事。
- 驱动力应该被外部动力加速，而不是被外部动力激发。
- 如果你觉得自己没有得到应得的赞美时，那就努力去产生不可忽视的影响。
- 过多依赖他人的激励会让你成为一个难相处的团队成员。
- 对自己的表现感到满意，努力把自己从精神上依赖他人认可的桎梏中解放出来。

作者之见：你不应该依靠外部驱动力来推动自己前进，外部动力只能让你加快点脚步，但内驱动会让你立即出发并坚持下去。

作者提问：你的态度或表现是否曾因缺乏外部动力而受到负面影响？你如何让别人的肯定在你的生活中不那么重要？

4. 把注意力集中在更重要的目标上

当你有了更有意识的心态和更强的好胜心时，“糟糕的”活动就不会经常阻碍你完成最重要的目标，因为你会有意识地完全避开“糟糕的”活动，或至少限制花在“糟糕的”事情上的时间，摒弃那些完全没有成效、有时甚至有破坏性的行为或想法。通常情况下，“好东西”和“重要的东西”会与少数“最好”的东西竞争，你需要更严格的自律和更强大的驱动力，把“好东西”和“重要的东西”放在一边或置于次要地位，而不懈地追求最重要的目标——“最好”的东西。这并不是说你不应该专注于次要目标并为之努力，而是说你应该在实现那些次要目标之前，把时间和资源优先放在最重要的目标上。

如果你最重要的目标看起来像下面的例子之一，评估一下你是否给予了它应有的关注和驱动力，或者你是否需要把注意力从不那么重要的领域中转移出来放在下面的目标上。

- 找工作。
- 还清债务。
- 买新车、房子等。
- 为孩子的教育存钱。
- 某门课得了 A。
- 写一本书。
- 减掉 10 千克体重。
- 组建团队。
- 建孤儿院。

- 在工作中获得晋升。
- 掌握一门外语。
- 成功完成一门教育课程。
- 为一所大学捐款。
- 摆脱令人不愉快的愤怒或痛苦。
- 通过下一个等级考核。
- 平衡预算。
- 开展新业务。
- 养成良好的晨间思维习惯。
- 开始收听励志播客。
- 被选为团队代表。
- 戒掉一种上瘾之物。
- 挽救婚姻。
- 出售发明。

作者之见：你忽视最好的目标、把注意力集中在错误的地方就浪费了驱动力。

作者提问：有没有一个重要的目标来支撑你将用错方向的驱动力和注意力转向你的“为什么”？为了更明显地提升自己，你必须暂时放弃什么？

5. 把足够的注意力放在能控制的地方

回顾一下，我在第五章中提到过“你在生活中可以控制的事情有哪些”。当危机和批评在你的周围肆虐，你会很容易对这些在日常生活中可以实现的进步失去关注，而把时间、精力和注意力放在你无法控制的方面，这会抑制你的驱动力，因为无助感会随之而来。

作者之见：当你为了得到最想要东西而努力时，你抱怨的那些事情便无足轻重了，祝你好运。

作者提问：哪些是你仍然频繁关注的“不可控制的因素”，天气、经济、竞争、同事的行为、媒体报道、小报上的八卦、试图改变那些不想改变的人、别人的批评和仇恨等等？怎样才能让你不去花时间和精力关注这些不值得的事情呢？

6. 不论条件如何，都感觉自己势不可挡

在第四章中，我们讨论了做出正确决定以排除艰难条件的重要性，在评估第 6 点时，你遇到的困难是否导致你做出下列行为？

- 希望走捷径。
- 放弃。
- 抱怨、找借口、指责他人。
- 情绪失控。
- 允许自己丧失能力。

如果这些因素长期或频繁影响你的行为表现，那么形成势不可挡的心态对你来说是遥不可及的。但是，如果你直面挑战、勇往直前、坚毅果敢、遵循既定的流程、在不利的条件下出色地执行你的优先事项，你将在这方面获得高分。

作者之见：当事情逐渐变得艰难时，有驱动力的人不会“才开始着手处理”，因为他们从未停止过。

作者提问：意想不到的挑战会激发出你最好的一面还是让你感到痛苦？当其他人都惊慌失措时，你是那个保持冷静和情绪稳定的人，还是更倾向于加入混乱的“大合唱队”？你知道如何培养更多的信心和抗压能力以形成势不可挡的心态吗？

7. 不接触没有驱动力的人，避免接触消耗驱动力的人和事

我已经详细写过什么是没有效率的行为，将在这部分集中讨论这个问题。在职场中或其他社交圈子里，你经常与没有驱动力的人交往有什么危险？这并不是说没有驱动力的人是糟糕的或有问题的人，而是说他们的心态对于培养他们的好胜心、使他们变得更坚强而言是无用的、不适合的。没有驱动力的人可能会有意或无意地在以下方面影响你：

- 他们会让你对努力工作感到内疚，因为这让他们不舒服。
- 他们会嘲笑你严谨的日常行为习惯，因为这让他们不舒服。
- 他们会指出你的弱点或缺点来“贬低你”，或以其他方式让你感觉自己很糟——这让他们自我感觉良好。
- 他们会用各种借口、指责或其他废话来污染你的大脑、浪费你的时间，对你的心态产生无益的影响。
- 他们倾向于消极地谈论别人，以转移他们对自己的表现或生活的关注。
- 他们在言行上的不良习惯会影响到你。

作者之见：你让我看看你的朋友，我就会让你看看你的未来。

——马克•安布罗斯（Mark Ambrose）

作者提问：列出你最常与之相处的人和你最常参与的活动，并把它们分为两类：

当我与他们接触时，他们会燃起或激发我的驱动力。

当我与他们接触时，他们会浇灭或干扰我的驱动力。

哪一个列表更长？你觉得与哪类人相处更好？

聚会增进感情

“嘿，弗朗西斯，你想跟我和弗兰克一起去梅尔家吗？”弗雷德问，“回家前，我们在那里稍微庆祝一下，为这个创纪录的月份干杯！”

已经1年多没有团队中的人邀请弗朗西斯下班后一起聚会了。“弗雷德这是怎么了？”弗朗西斯想。也许在过去的几个星期里，她花时间帮助他理解“为什么”的内涵，改善了他对她的看法。弗朗西斯不想去，但不知怎的，她觉得应该去。“好吧，你们知道我不能喝烈性酒，但我记得梅尔有一瓶很好喝的椰林菠萝飘香，算我一个吧。”

弗兰克插话说：“克里斯也可能加入我们。我告诉他我们几个人可能会去，还邀请了他。”

“我喜欢克里斯，希望他能去。”弗雷德补充道。克里斯是团队中表现一直比弗雷德差的两名成员之一，弗雷德不喜欢在小组里垫底。

"伙计们，尽量不要太过火，"亚历克斯提醒说，"我们度过了美好的一个月，但明天又是一个新开始，我需要你们从精神上自我检查，做好准备，重新出发。"

"别担心，亚历克斯，"弗兰克讽刺地说，"我们只有两个人喝酒，弗朗西斯喝的是菠萝奶昔，我们会没事的。"

当亚历克斯看到团队中的部分成员一起去庆祝这一个月来的成果时，他的内心深处感到很兴奋，尤其是看到这个奇怪的组合：最优秀的人，永远的亚军，可爱的失败者，还有克里斯——他不确定克里斯能不能在公司里获得成功。

"他来了！"当克里斯走进梅尔家时，弗雷德喊道，"来得正是时候，我吃完这个就要走了。"

"抱歉，我迟到了，但我不能待太久，"克里斯连连道歉，"别告诉别人，我今晚有一个电话面试，我想好好表现。我来是想告诉你们发生了什么事，我可能要离职了。"

克里斯的话让弗兰克猝不及防。"你要离开我们？"弗兰克问。

"嗯，我想换一份工作，已经差不多了。我觉得亚历克斯不喜欢我，所有人都说我在今年最艰难的时候进入了这个行业，而现在的经济形势让我很难在销售行业赚取佣金，所以我需要找一份薪水更稳定的工作。"

"克里斯，你不应该这么快放弃自己。"弗雷德说，"你刚才提到的销售业绩不好的原因不在你的控制范围内，你不能把注意力集中在这些事情上，你每天还可以做很多事情来提高效率，我相信弗兰克和弗朗西斯会帮你，我也会尽己所能。相信我，我现在已经知道了在过去的几年里有很多我应该做却没有做的事情。不要放弃，克里斯，你需要一个值得为之奋斗的目标，那就是你的‘为什么’。”说着，弗雷德拿起弗朗西斯递给他的苹果脆条，“含有14克蛋白质的绿色健康食品，对吧，弗朗西斯？你从没想过我会放弃酒吧里的炸猪皮和牛肉干吧？这真的很不错，我要上网买一些。”

克里斯匆匆离开后，弗雷德把最后一口波本威士忌喝完，然后尽情地吃着苹果脆条。弗兰克和弗朗西斯交换了震惊的眼神。

弗雷德站了起来，说：“明天见，我该给你多少钱？”

“我请客了，弗雷德，明天见。”弗兰克说，在听了弗雷德对克里斯急切的鼓励后，他一直强忍着笑。

“谢谢你，弗兰克。”

弗雷德走出房门时，弗朗西斯难以置信地问弗兰克：“怎么回事……刚刚发生了什么？”

弗兰克笑道：“也许我们的朋友弗雷德长大了一点，明白了一些事情。他这个月确实取得了进入公司以来最好的成绩，他以后可能会一帆风顺，他的改变应该会给克里斯带来希望。”

“我希望你是对的，弗兰克，当弗雷德给克里斯做‘隆巴尔迪（Lombardi）演讲（传播善意的演讲）’时，我简直不敢相信我所听到的，我还以为梅尔不小心在我的饮品里掺了朗姆酒，或者我从车上摔下来，撞到了头，产生了幻觉！”弗朗西斯说。

弗兰克笑了，“不，你没听错，我也不敢相信，弗雷德说的这番话使我振奋。”弗兰克顿了顿，然后又笑了起来，“我刚才真的表现出来了吗？我们走吧，我今晚要收拾行李，明天下班后，我要去看望我父亲，和他一起过周末。”

弗朗西斯谨慎地问道：“你和你父亲最近相处得怎么样？”

“比以前更好了，我想我开始了解他了，我不想再和他竞争，只想做一个好儿子。”

“真不错，弗兰克，我知道他以前总是让你感觉很紧张，但现在你们的关系看起来好多了。我们走吧，我答应艾米今晚我们要在客厅建一个堡垒。”

“艾米怎么样？圣诞派对后我就没见过她了。”

“她是乐观的孩子，积极向上。上周我们散步的时候，两个新来的男生取笑了她，她哭了大约20秒，然后又变回了快乐的艾米。”

“一些坏小子取笑她，因为她残疾？他们住在哪里？”

弗朗西斯说：“他们才9岁，弗兰克，别打他们。明天见吧。”

“保重，弗朗西斯。弗朗西斯，等着下个月吧。”

“你说的下个月是什么意思？”弗朗西斯问道。

“下个月我要在销售额上打败你，结束你的连胜。”

弗朗西斯笑道：“波本酒让你变得勇敢，弗兰克！一定要尽你最大的努力，这样当我再次击败你时，大家就都知道了，那是你的巅峰。”

“有道理，”弗兰克回复道，“友好的竞争让我们双方变得更好。”当弗兰克走向他的车时，他知道需要提高水平来兑现他所说的话。

在开车回家的路上，弗朗西斯心想弗兰克怎么还是不明白，他把她当作竞争对手，但事实上，他自己才是最大的敌人。只有当他摆脱把别人当竞争对手的思维，弗朗西斯才会去和他竞争。因为她会像往常一样对待即将到来的一个月，即与自己上个月的表现竞争。由于那个月恰好是她个人业绩最好的一个月，她的工作就是和以前最好的自己竞争，而不是和弗兰克的最好业绩竞争。

作者之见：不能征服自己的人也无法征服别人。

——莱昂纳多·达·芬奇（Leonardo da Vinci）

作者提问：什么人或事会抑制你的动力和热情而不是激励你？你将如何限制或消除你与这些因素的联系？

“制胜”行动指南

你是否需要避免与一些浪费驱动力的人和事接触？列出一个表，将这些人和事填进去，然后找其他活动来代替它们。请记住，每天把浪费驱动力的时间拿出来去做一些更有成效的事情，即使只有10分钟，久而久之，它们会对你产生深远影响。

獾男篮逆境事件之十四

2020 年 2 月 6 日：体能教练埃里克·赫兰德（Erik Helland）辞职

獾队在过去的 6 场比赛中输掉了 4 场之后，他们企图抓住任何机会以逆转败局，成功结束本次赛季。

在担任了獾队 7 年的力量与体能主教练后，埃里克·赫兰德决定为自己的行为负责，在辞职和被解雇中选择了前者，与其他工作人员一起离开了獾队。这支球队在赛季的后半段失去了关键球员和工作人员，而此时他们要表现得极其出色，才能有机会进入全国篮球锦标赛。

我的“制胜”笔记

- 当持续的打击让你觉得应该“适可而止”时，你会怎么做？是放弃还是继续坚持，更加努力地奋斗？
- 你的哪些品格会把你从逆境中解救出来？当发现自己在“推卸责任”时，你如何才能更快地找回自我，回到有成效的事情上来？你如何利用逆境来塑造你的“为什么”，并使它比以前更有说服力？
- 当你似乎失去一切的时候，你是否可以后退一步，重新审视自己，重新集中注意力并下定决心，重新振作起来？

第十五章

拥有制胜心态，人生所向披靡

前面 14 章中，我在每一章的结尾部分分享了威斯康星州立大学獾队在 2019—2020 赛季遭遇的逆境事件。在每个事件后的反败为胜部分，我提出了一些问题来帮助你思考：如何运用书中提到的策略来帮助自己处理类似的情况？虽然这一系列事件发生的背景是篮球比赛，但其实任何挑战都有共通之处：

- 在遭遇挫折、失败而失望或分心时，保持专注、积极性和高效。
- 快速从挫折、失败、失望和分心中恢复过来。
- 在挑战中艰难前进时，磨炼你的好胜心，增强心理韧性。
- 在不利的情况下找到获胜的方法。
- 面对批评、仇恨和诋毁，保持积极心态，做有成效的事。
- 用好胜心和坚强的心理弥补才能方面的差距。
- 利用发生在你身上的事情找到一种对你有利的方法。
- 将不公、背叛、损失和怀疑转化为你坚定的“为什么”。
- 即使人手不足、资源不足或机会渺茫，也要继续战斗。
- 在别人放弃你或不再相信你之后，你要相信自己。

为了提供一个全新的视角，以下是每一章獾男篮逆境事件的摘要，我加入了威斯康星州立大学獾队篮球教练格雷格·加尔德的见解，分享了他从逆境事件中学到的东西，以及球队是如何应对、如何受益和如何坚持的。

1.2019 年 5 月 25 日：摩尔教练及其家人遭遇车祸惨剧。

加尔德教练：“毫无疑问，这是我个人生活和职业生涯中最艰难、最黑暗的日子。没有任何课堂、教科书或视频培训可以让人为这种一连串的灾难性事件做好准备。我回忆起 1995 年在华盛顿大学普拉特维尔分校担任助理教练的经历，当时正举行橄榄球比赛，我们球队有一名球员叫加布•米勒（Gabe Miller），他因比赛时主动脉撕裂，在赛季结束后去世。我清楚地记得那些暗无天日的时刻，以及我们的主教练博•瑞恩（Bo Ryan）如何面对随之而来的逆境和化解悲伤。他告诉我们：你们团结起来——比以往任何时候都更紧密地团结在一起。除了我们的团队和家庭，其他人都不重要。1 个小时又 1 个小时，日子一天天过去。很多时候，如果你不知道该说些什么，那就最好什么都不说，因为你在当时找不到合适的、令人满意的词语来表达你内心的感受。无论是在比赛中还是在现实生活中的逆境面前——潮水最汹涌的时候，就是你必须最冷静的时候。”

2.2019 年 6 月 24 日：摩尔教练心脏病发作。

加尔德教练：“从糟糕变得更糟糕，这是注定要发生的事情。好像前一个月的工作还不够累人似的，现在，我不得不在 6 月底的一个下午，对着一群情绪已经濒临崩溃的年轻人发表讲话，我必须真实且诚实。如果我描绘了一幅比现实更光明的画面，但后面却发生了更糟糕的事情，我就会失去他们的信任。我们的工作人员在允许的情况下尽可能多地向球队提供信息……我不确定他们是否都能领会到消息的重要性，但我们必须直言不讳。队员从我们的工作人员身上看到了真实的情感——亲密的、个人的、极重的情感，我们彼此互相依靠。我一再强调，‘我们需要团结在一起，互相支持’。”

3.2019 年 11 月 5 日：獾队首战输球，加时赛开局不利。

加尔德教练：“我的回应不是夸大形势——这是漫长赛季中的第一场比赛，首局失利对一支优秀且有经验的球队而言是一次损失。这也是球队第一场没有霍华德教练坐镇的比赛。霍华德教练一家遭遇的不幸确实影响了球员的情绪，我知道会这样，事实也是如此。我想传达的信息是：我们永远不会时而奋起时而颓废，我们从这场比赛中收益颇丰，学习变得更好，学习快速前进，W 指胜利，L 指学习。”

4.2019 年 11 月 21 日：米卡•波特参赛资格再次被拒。

加尔德教练：“米卡一直是球队中的理智担当，但我从来没有对他的申请结果过于乐观，我总是在期盼的同时做最坏的打算。他的参赛资格被剥夺了，使我很沮丧。我经常说，在当今社会，‘通情达理’似乎并不存在，但我们必须继续前进，不能生闷气，不能拿没有得到帮助当借口，不能失去从未拥有过的东西，对吧？我们必须和场上现有的球员一起变得更好，而不是为那些我们失去的球员自怨自艾。”

5.2019 年 11 月 25 日—12 月 11 日：5 局输掉 4 局。

加尔德教练：“我用这句话来巩固我对连败的看法：我们需要变得更好，需要在某些阶段更精准地投篮。我从来不看运气，不管是好是坏。我们在客场和优秀的球队交手，如果打得不好，就会酿成祸患。如果我们总是抱着‘明天会更好’的心态行事，就会陷入“分析性瘫痪”陷阱。你要专注于能控制的事情，不要让不能控制的事情转而控制你。要做挡风罩，而不是漏洞；要做锤子，而不是钉子；要做拳击手，而不是沙袋。学习，控制‘可控制的’，让自己变得更好，相信这个过程，继续前进，为‘明天’做好准备。”

6.2020 年 1 月 8 日：70 比 71，獾队主场失利。

加尔德教练：“我们输给了一支信心满满的强队。虽然我们在比赛后期保持领先，但在关键时刻打得不够好，主场的优势完全没有发挥出来。因为前一天我们没有好好练习，在那天晚上的一些小事情上就体现出来了。我们获得的经验教训是：接下来将如何练习如何走出舒适圈。有成就的人不喜欢与平庸的人为伍，而平庸的人也不喜欢聚在成功人士周围。”

7.2020 年 1 月 17 日：55 比 67，獾队尴尬地败给密歇根州立大学篮球队。

加尔德教练：“那天晚上他们比我们打得好，我提醒自己‘反应不要过于强烈，也不要不痛不痒’，学习如何变得更好，继续前进，不要钻牛角尖，永远不要让一次失败击垮你的精神，让你不能尽快为下一个挑战做好准备。作为教练，我感觉很糟糕，因为我往往在失败后痛苦不堪，这种痛苦比在取得成功后享受和拥有的满足感强烈 10 倍，关键是‘不要输给密歇根州立大学篮球队两次’，我们确实没有再输。”

8.2020 年 1 月 24 日：51 比 70，獾队惨败。

加尔德教练：“我们很早就开始针对这场球赛做准备，但在比赛时，球队进攻不足，投篮也出现多次失误。我在赛后和第二天的视频中都表达了观点：我们在对抗时不够激烈，做了那些经常警告自己不要做的事情——永远不要在情绪状态出问题的时候跳射投篮。我们需要在精神上变得更坚强，停止自怨自艾，如此一来，我们很快就会恢复并找到实现目标的方法，渡过难关。”

9.2020 年 1 月 26 日：獾队两大得分手突然退出球队。

加尔德教练：“我们的队伍比我想象中的更团结，这在对阵爱荷华州立大学队的比赛中很明显——尽管我们输了，但我们仍然有很强的斗志和决心。在强队面前，我们没有以对手太强为借口，轻易选择失败，而是在这场比赛中斗志昂扬，打得很努力。在那天晚上和第二天的视频中，我告诉我的队员，我们教练组将与他们并肩作战。如果他们表现出色，我们教练组也会更好。我们为了球队的胜利团结在一起，了解彼此的心态，任何‘消磨能量’的行为都要被改变。展望未来，如果我们尝试其他已知的方式，我们就能足够好，不被击败。”

10.2020 年 1 月 27 日：獾队领先 12 分，爱荷华队惊险反超。

加尔德教练：“这可能是一场激动人心的比赛，让我们对后来发生的事情有了快速了解。我们拼搏奋斗、并肩作战，前 35 分钟我们一直领先对手，处于领先状态的我们相信自己能赢，问题在于比赛的后 40 分钟。输球之后，我们并不高兴，但球员在比赛中的表现使我感到欣慰、受到鼓舞。我们如果能将这种努力延续下去，会变得更优秀。年复一年，我们学会了不关心毫不相干的人或事，也不关心他人的想法或言论。我们发现，唯一真正重要的是更衣室里和我们一起战斗的队友，可以说，外面的人都是对手。我们完全沉浸在为球队而战和互相帮助中，其他的什么都不重要。”

11.2020 年 1 月 28 日：獾队队长布拉德·戴维森停赛一场。

加尔德教练：“我们逐渐减少对球队领导者布拉德的依赖，其他人也在球队中找到了自己的位置，并且知道自己该做什么。球队领导者不能害怕正面交锋，而培养新的、不知名的领导者最好的时机，就是当火苗烧得越来越旺，却没有人来救他们的时候。”

12.2020年2月5日：明尼苏达州队以18分的优势击败獾队。

加尔德教练：“与之前战胜密歇根州立大学篮球队的比赛相比，输给明尼苏达州队是意料之中的，但不可避免的是队员也会情绪不佳，因为我们曾经在布拉德被停赛的情况下团结起来，在没有他的情况下击败了密歇根州立大学篮球队。对阵明尼苏达州队是赫兰德教练缺席的第一场比赛，我能感觉到队员们发生了很多事情，他们需要我们的支持——这绝对是‘没有退路’的时候了，这对我们来说是生死攸关的时刻，但因为我们在过去的7到8个月里目睹了太多糟糕的事情，我们有不同程度的决心，也有不同程度的麻木，但是，这都将帮助我们继续前进。”

13.2020年2月5日：6场比赛连输4场。

关于加尔德教练的评论请参阅第5点。

14.2020年2月6日：体能教练埃里克·赫兰德辞职。

加尔德教练：“我对2月5日和6日的事件进行了总结，这些有争议的事件使人们的情绪产生波动，但因为我们经历了这么多困难，遭遇了这么多逆境，再有别的打击，我们也能泰然面对，并始终团结一致。布雷文·普里茨尔（Brevin Pritzl）是赛场上唯一一位大四在校生，他在填补‘发号施令’方面表现得非常出色，尤其在一些重要的时刻，他挺身而出，在绝对完美的时机中找到了自己的领导位置。在比赛过程中，团队的力量训练技术人员、队医等工作人员和我们教练组成员都付出了大量时间、心血，来帮助球员提高水平。球队中的所有人都振作了起来、团结了起来，我们所做的一切都是成功的。”

作者之见：每种逆境、每次失败、每回心痛都蕴藏着生成同等或更大利益的种子。

——拿破仑·希尔（Napoleon Hill）

就像我们所有人在人生旅途中所经历的那样，这支球队的每一位球员和工作人员都曾在他们无法控制的情况下，一次又一次地经受对好胜心和心理韧性的考验。他们以"致敬摩尔，成为摩尔，为了摩尔"为口号，共同纪念摩尔教练。随着赛季的进展，这句话成为更衣室里常出现的一句话。主教练格雷格·加尔德在这一年中遭受到了强烈的批评，并一直忍受着学生想要解雇他的要求，学生宿舍里甚至挂着"解雇加尔德"的牌子。加尔德竭尽全力让球队团结在一起，他从未停止相信他的球员、工作人员、他们的事业，包括他自己。

以下是威斯康星州立大学獾队在本赛季最后一个月的比赛情况：

- 2020 年 2 月 9 日：獾队以 70 比 57 击败俄亥俄州立大学队。
- 2020 年 2 月 15 日：獾队以 81 比 64 击败内布拉斯加州队。
- 2020 年 2 月 18 日：獾队以 69 比 65 击败普渡大学队（复仇成功）。
- 2020 年 2 月 23 日：獾队以 79 比 71 击败罗格斯大学队（复仇成功）。
- 2020 年 2 月 27 日：獾队以 81 比 74 击败密歇根州立大学篮球队。
- 2020 年 3 月 1 日：獾队以 71 比 69 击败明尼苏达州队（复仇成功）。
- 2020 年 3 月 4 日：獾队以 63 比 48 击败西北大学队。

- 2020 年 3 月 7 日：獾队以 60 比 56 击败印第安纳州队。
- 2020 年 3 月 7 日：獾队以 8 场连胜的成绩结束了本赛季的全部比赛。獾队不仅以此赢得了十大联赛冠军，还成了全美最热门的球队之一。
- 2020 年 3 月 9 日：尽管一直忍受着“解雇加尔德”的要求，威斯康星州立大学獾队的主教练格雷格•加尔德仍然获得了“十大教练奖”，后来他被评为美国篮球协会第七区年度教练。
- 2020 年 3 月 9 日：獾队在即将到来的十大联盟锦标赛中获得了“头号种子”的称号。
- 2020 年 3 月 11 日：由于疫情原因，十大联赛被取消。
- 2020 年 3 月 12 日：全国大学生体育协会取消男子和女子篮球锦标赛，赛季结束。
- 2020 年 3 月 13 日：獾队通过应用在整个赛季学到的经验和教训来为接下来的比赛做准备，期待再次打出好成绩。

獾队在本赛季的大部分时间里都难以取得好成绩，但在赛季结束时却打出了一波高潮，让他们的赛季座右铭和目标“致敬摩尔，成为摩尔，为了摩尔”变得生动起来。击败印第安纳州队并赢得冠军后，队员们在更衣室进行庆祝活动，即将结束之时，情绪激动的加尔德教练将工作人员和队员叫到一起，聚集在他周围，他说：“从 5 月开始，我们遭遇了越来越多的困难，但我们克服了这些困难，这也是现实生活中的逆境。”他停顿了一下，走到更衣室的一块白板前，以等式的形式在上面写下了那场为他们锁定了冠军的比赛的最终比分：60−56=4 摩尔（4 Moore）。

加尔德后来说：“毫无疑问，我们从逆境中获得了一些帮助。有趣的是，我们以 4 分的优势获胜。我迫不及待地想把这个奖杯带给霍华德，让他触摸它。”

作者之见：如果你有一个足够强大的“为什么”，就会有足够肯定且有效的方法。

你唯一不能从我这里夺走的就是我的应对方式，人的最后一项自由就是不论环境如何都能选择自己的态度。

——维克多·E. 弗兰克尔（Viktor E. Frankl）

附录

我的人生逆袭日记

态度

人的行为反映出来的一种

固定的思维方式。

根据下面的等级评估你的态度

1 强烈支持	→	5 强烈反对

内容 \ 天数	1	2	3	4	5	6	7
总能积极对待消极的事情							
不容易生气							
言谈积极乐观							
把精力集中在能控制的事情上							
在压力下仍能保持优雅							
不会指责别人或为自己找借口							
善待他人							

观察与反思

竞争力

通过击败或超越他人来努力赢得某物（“超越他人”指超越以前的自己）。

根据下面的等级评估你的态度

1 强烈支持 → 5 强烈反对

内容 \ 天数	1	2	3	4	5	6	7
态度比昨天更好							
习惯比昨天更好							
注意力比昨天更集中							
比昨天更自律							
学识日益增长							
动力、精力比昨天更足							
比昨天更有成就							

观察与反思

品德

道德伦理决定人的品性。

根据下面的等级评估你的态度

1 强烈支持 → 5 强烈反对

内容 \ 天数	1	2	3	4	5	6	7
言行诚实							
积极承担责任							
信守承诺							
在工作中全力以赴							
把他人放在第一位							
控制自己的言论							
谦逊好学							

观察与反思

严谨

做事严密、仔细、谨慎。

根据下面的等级评估你的态度

1 强烈支持 → 5 强烈反对

内容 \ 天数	1	2	3	4	5	6	7
提前设定优先事项							
成功地执行优先事项							
日常计划比昨天更高效							
充分利用休息时间和通勤时间							
计划预留出时间来提升自己							
花时间帮助他人增加价值							
更关心重要的活动而不是结果							

观察与反思

努力

有意识地使用自己的能力。

根据下面的等级评估你的态度

1	5
强烈支持	强烈反对

内容 \ 天数	1	2	3	4	5	6	7
在工作中尽力而为							
执行最重要的任务							
提高标准							
给自己的成长注入努力							
不会在小事上花费大量的时间							
拒绝做回报率低的事情							
在生活的各个方面全力以赴							

观察与反思

自律

做一些有助于建立技能、习惯、态度的活动、规划或锻炼。

根据下面的等级评估你的态度

1 强烈支持 → 5 强烈反对

内容 \ 天数	1	2	3	4	5	6	7
提前预设好心态或方案							
不论感受如何，都会履行承诺							
对捷径和即时满足说“不”							
很少把时间花在上网冲浪上							
对过多的琐事、无聊的谈话、无意义的等待说“不”							
比昨天更容易保持正确的方向							
偏离轨道的时间比昨天少							

观察与反思

智慧

获取并应用技能和知识的能力。

根据下面的等级评估你的态度

1 强烈支持 → 5 强烈反对

内容 \ 天数	1	2	3	4	5	6	7
获得新知识							
加强练习以提高技能							
寻求反馈							
根据反馈采取行动							
执行行为计划							
尝试新事物							
从错误中学习							

观察与反思

坚韧

坚不可摧的意志。

根据下面的等级评估你的态度

1 强烈支持 → 5 强烈反对

内容 \ 天数	1	2	3	4	5	6	7
尽管前方有阻碍，仍坚持正确的方向							
尽管有干扰，仍出色地完成任务							
继续做本不想做的事							
强迫自己去做不愿意做的事							
在追求目标时不接受失败							
对批评和拒绝不以为意							
自我鼓励							

观察与反思

精力

进行持续的体力和脑力活动所必需的力量和活力。

根据下面的等级评估你的态度

1 强烈支持 → 5 强烈反对

内容 \ 天数	1	2	3	4	5	6	7
通过建立并保持每日心态来增强精神力量							
不参加那些消耗精力的晚间活动							
在生活的各个方面都有很足的精力和高参与度							
一直把注意力集中在重要的任务上							
身体疲劳时，选择坚持而不是在工作时间休息							
避免浪费精力							
吃让人充满活力的食物，并使身体保持充足的水分							

观察与反思

驱动力

为达到目标或满足需要而产生的生理上固有的下定决心的冲劲。

根据下面的等级评估你的态度

1 强烈支持 → 5 强烈反对

内容 \ 天数	1	2	3	4	5	6	7
做高质量的工作来完成“为什么”							
把关键优先事项当作“加油站”							
不需要外部激励							
把注意力集中在更重要的目标上							
把足够的注意力放在能控制的地方							
不论条件如何，都感觉自己势不可挡							
不接触没有驱动力的人，避免接触消耗驱动力的人和事							

观察与反思